U0340093

本系列专著由中国清洁发展机制基金赠款项目
—— 应对气候变化立法研究资助出版

应对气候变化立法研究系列

总主编｜王灿发

"以自然应对自然"

——应对气候变化视野下的生态修复法律制度研究

吴 鹏 著

中国政法大学出版社

2014·北京

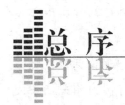

总 序

自 2009 年 12 月参加了哥本哈根世界气候大会以来，本人和我们中国政法大学的环境法团队一直关注气候变化及其立法问题。2011 年 8 月~2012 年 4 月，我们在国家发改委应对气候变化司的支持下申请成功并顺利完成了英国外交与联邦事务部全球繁荣基金之中国繁荣战略项目基金项目——"启动中国气候变化立法 — 信息分享和国际经验借鉴"，举办了大型的应对气候变化立法国际研讨会，编写了 10 期中英文版的《应对气候变化立法通讯》，考察了英国和欧盟的气候变化立法及其实施情况。我的同事曹明德教授、林灿铃教授也先后完成了美国能源基金会资助的国内和国外及国际应对气候变化立法调研项目。2012 年 7 月，我们中国政法大学的环境法团队成功中标了中国清洁发展机制基金赠款项目——"应对气候变化立法研究"，将与国家发改委应对气候变化司和国家应对气候变化战略研究和国际合作中心一起，连续用三年的时间研究和起草中国的《应对气候变化法》。在这些项目的实施过程中，我们进行了大量的国内和国外调研，对一些专门问题进行了深入研究，取得了许多阶段性成果。这次出版的系列专著，就是我们部分研究成果的展示。

应对气候变化立法，既涉及多学科的基础理论问题，也涉及具体的制度设计和立法模式问题；既涉及与国内相关立法的协调和融合，也涉及与气候变化国际法的接轨。这次选择出版的几本研究专著，在理论层面涉及了应对气候变化的正义问题、立法目的问题；在制度层面涉及了温室气体排放总量控制问题、二氧化碳捕获和封存的法律规制问题；在气候变化适应和能源利用方面涉及生态修复问题、石油天然气产业的法律规制问题；在国际法方面涉及国际温室气体减排责任分担问题。

陈贻健博士的《气候正义论》，从价值论、方法论和实践论的综合角度，分析了气候正义所包含的自由、平等、公平、效率、安全、秩序等多重价值，并从实体正义和程序正义两方面提出了气候正义实现的原则、途径和方法。气候正义虽然是基础理论问题，但其对分配正义、交换正义和矫正正义的分析都涉及了具体法律制度的设计与构建。

董岩博士的《国家应对气候变化立法研究——以立法目的多元论为视角》从立法目的的视角，分析了应对气候变化立法应坚持的基本原则、管理制度的选择与构建、中国应对气候变化法的立法模式和框架构建设计、内容组成，并提出了如何处理发展权与应对气候变化立法关系的思路。

李兴锋博士的《温室气体排放总量控制立法研究》，在调研、分析国际和外国温室气体排放总量控制立法的基础上，提出了我国温室气体排放总量控制立法的目标选择和应遵循的原则，立法的形式，排放总量的确定、分配、交易的管理措施与方法、监管体制等，并对温室气体排放总量控制立法的理论基础进行了解析。

赵鑫鑫博士的《二氧化碳捕获和封存的法律规制研究》，从国外的二氧化碳捕获和封存及其法律规制的实践出发，考察了捕获和封存二氧化碳面临的技术和环境风险及其法律规制的经验和教训，提出了在我国进行相关立法的设想和建议。

吴鹏博士的《以自然应对自然——应对气候变化视野下的生态修复法律制度研究》，从适应气候变化的角度，分析了生态修复与应对气候变化的紧密相关性，提出了通过恢复或重建生态系统平衡来实现生态环境的改善并进而实现以自然因素帮助人们抵御气候变化不利影响的法律机制及其理论根据。

于文轩博士的《石油天然气法研究——以应对气候变化为背景》从能源法的角度探讨了能源开发利用与应对气候变化的关系，分析了在应对气候变化背景下石油天然气产业规制的原则、制度和措施，提出了我国石油天然气立法体系的框架和内容设计。

黄婧博士的《国际温室气体减排责任分担机制研究》，从国际环境法的角度，比较全面地探讨了国际温室气体减排责任的在各责任主体间的分担问题。在对现有相关国际法律文件进行分析的基础上，论述了国际温室气体减排责任分担所应坚持的基本原则，构划了温室气体减排责任分担的机制，包括减排责任的主体、温室气体减排的目标、排放信息的收集和核查、减排指标的分配方法等，研究设计了新型指标分配模型，并提出了将新型指标分配模型法律化的路径选择，同时还分析了新模型对中国的有利和不利影响，在此基础上提出了全球减排目标下中国的应对策略。

　　以上几项专题研究报告，可以为我国的应对气候变化立法及其制度设计提供基本的理论根据和实践调研资料。随着研究的深入，我希望我们的环境法团队将有更多和更好的研究成果产出，为我国应对气候变化立法的健全和完善做出应有的贡献，同时也期望这些研究成果能将应对气候变化立法的学术研究进一步引向深入。

　　这套系列专著的成功出版，应当特别感谢国家发改委应对气候变化司和中国清洁发展机制基金管理中心的大力支持，同时也对中国政法大学出版社李传敢社长和彭江先生对该系列专著出版的热情支持和积极推动表示衷心的感谢。

中国清洁发展机制基金赠款项目　　　王灿发

应对气候变化立法研究项目负责人

2014 年 1 月 18 日

引 论

　　生态修复是一种相对成熟的生态环境保护技术手段。虽然对于生态修复还存在这样或那样的理论争论，但是把其作为恢复或重建生态系统平衡重要措施的实践工作已经展开。然而与积极展开的技术研究以及实践活动不相适应的是，生态修复相关法制建设理论与实践研究尚未深入。值此之时，气候变化问题越来越威胁到人类的生存和发展，应对气候变化成为我国新时期实现社会经济健康可持续发展不可忽视的紧迫任务。但是长久以来不论是理论研究还是实践工作都存在偏执一端的不足之处。尤其是在应对气候变化法制研究过程中，理论研究和实践总是围绕着碳金融、碳排放、碳封存和捕捉等与人类自我限制相关的问题展开。然而即使是关于碳封存和捕捉的问题的实践也并没有基于生态修复的双重修复理念出发。这些问题的存在都表明，目前我国研究应对气候变化都只基于某一种气候变化学说，忽视了应对气候变化中自然本身的重要作用。重新审视气候变化的诸多因素，尤其是正视人类在改变地球气候过程中有限的作用，深刻认识自然本身在气候变化过程中不可忽视的"正能量"，是人类在应对气候变化中应当扮演何种角色的一次正义觉醒。自然力量是人类在应对气候变化中不可忽视的天然盟友，如何利用人类技术提高自然帮助人类抗御气候变化不利影响的能力，"以自然应对自然"是应对气候变化的根本出路。而生态修复技术通过恢复或重建生态系统平衡，最终实现生态环境的有利改善，达到提高自然帮助人类抵御气候变化不利影响能力的目的，这是重视自然力量在应对气候变化中的良性实践。

以人力独自面对自然时，我们总会看到人的贪婪与渺小。不如以人之力修复自然并凭借自然自我抗御气候变化之力抵御气候变化给人类带来的诸多风险。这也正是以生态修复手段达到国内应对气候变化目的的主要目标和行动方向。在应对气候变化过程中，更加注重本国国内实际情况，维护多数民众生存与发展权利义务的分配正义，以生态修复理念制定应对气候变化的相关法律制度体系，使生态修复法律制度成为应对气候变化立法重要组成部分是本书的主要内容和目标。建立生态修复法律制度，丰富和健全应对气候变化法，为利用自然应对气候变化的人类行为提供国内法制保障，具有积极的社会现实意义。本书的全部努力即在于从理论上对上述设想加以论证，以此提出相应制度构建建议，盼为公认，以利法治！

"以自然应对自然"：应对气候变化的另一种思考

气候变化对人类生存和发展的影响已经越来越明显。抛开引起气候变化的复杂原因，到底如何应对气候变化的问题就值得我们好好讨论。人类是整个生态系统的重要组成部分，在气候变化这一涉及地球生态系统整体利益的问题面前其实我们并不孤单。但是很多时候，人类一直受到自己是地球主导者的观念束缚，难以认识到改造自然的其实恰恰是被人化了的自然本身。在面对气候变化诸多不利影响的过程中这一思维定式尤其深刻，使得人们普遍忽视了应对气候变化中自然本身的作用，或者说是气候变化本身的巨大能动作用。这种偏见或多或少地干扰到人类寻找应对气候变化同盟者的努力。于是寄希望于凭借人类一己之力勉强而为的应对气候变化的各项活动，在很大程度上还停留在政治层面，并没有深入到各个国家内部的现实生活中去。普通民众许多时候对气候变化并没有足够关注和切身体会，相应的各种法律法规只能成为乌托邦式的宣言。反思于此，本章力图换个角度，苦求应对气候变化的另一种途径，并尝试阐述将空洞的宣言似的国际条约，转化为与民众休戚相关的社会经济促进之国内法的思路。

第一节　利用自然应对气候变化

"人不是孤单地生活在地球上的唯一的动物。"[1] 著名文学家沈睿如是说。人类作为整个地球生命的一员，仅仅是地球生态系统的组成部分，虽然非常重要，但远远，也不可能达到可以忽视其他部分的地步。然而，我们在处理众多涉及人类自身利益问题的过程中，往往以救世主的角色自居，刻意忽视生态系统的整体的存在。气候变化在很大程度上有人为的因素，但这并不意味着人是应对气候变化过程中唯一的主角。自然恰恰是与人共同存在，能够主动应对气候变化的重要力量之一。

一、关于气候变化的模糊认识

气候变化是自地球存在之初就已经存在的再普通不过的自然现象。但之所以引起人类社会的广泛关注，其原因是多方面的，也许仅仅因为这种变化已经切身关系到人类自身的生存与发展；或者说这种自然力量的演化已经越来越使得部分人类集团的利益变得岌岌可危；或者更加功利点说，人类对于气候变化的关注仅仅是基于某种科学研究结果的选择性认识，或植根于内心的极端环境保护主义政治主张，甚至是某种政治偏见等。这种原因正随着科学研究的深入和争论的加剧越来越模糊、越来越多元化。但不论出于哪种角度的认知，气候变化都是不可逆的自然现象，是自然之力而为的，人类行为也许仅仅是加大了这种现象后果的显现程度，或者说是加速了这种现象演变的速度。

（一）公约中的气候变化

《联合国气候变化框架公约》（UNFCCC）第 1 款，将"气候变

---

〔1〕　**沈睿**："人不是孤单地生活在地球上的唯一的动物"，载人民网，http：//culture. people. com. cn/h/2011/0729/c226948 - 4117749133. html，最后访问日期：2013 年 6 月 30 日。

化"定义为："经过相当一段时间的观察，在自然气候变化之外由人类活动直接或间接地改变全球大气组成所导致的气候改变。"气候变化由此被人为地划分为两种形态：一种是因人而起的气候变化，在这种形态中人的活动是造成全球大气组成改变，并最终引发气候变化的首要原因；另一种则是自然气候变化，即自然本身引发的"气候变率"。很大程度上，在《联合国气候变化框架公约》理念支配下，自然气候变化并没有达到引发人类关注的程度。但这种理念直接给人以错觉，认为人的活动既然是造成气候变化的主要原因，那么人类即应当通过自身的力量去减少人对气候变化的影响：要么减少某方面的活动，要么减少某方面的资源利用，要么干脆不再使用一些技术或生活、生产方式。这些努力在公约的影响下正在变为一种令人深信不疑的行动路径。然而，气候变化的概念在很大程度上并不仅限于此。维基百科对于气候变化给出了这样的解释："气候变化是指气候在一段时间内的波动变化，一段时间也可能是指几十年或几百万年，波动范围可以是区域性或全球性的，其平均气象指数的变化。"其在进一步解释气候变化的原因时，列出了太阳辐射、地球运行轨道变化、造山运动、人为因素等多种因素，可见人为因素仅仅是气候变化整体概念的一个方面。[1] 而且，这一方面到底产生了多大作用也是存在争论的。气候学上的气候变化则是指气候平均状态和离差（距平）两者中的一个或两者一起出现了统计意义上显著的变化。[2] 后两种对于气候变化的含义理解显然是将自然气候变化的因素包含在内。当然，公约声明了其所指对象的局限性，气候变化仅指"自然气候变化之外"的气候改变。但是在理解气候变化所产生的问题以及考察气候变化原因之时不能够否认自然气候变化现象的存在。正是自然气候变化因素的广泛、多样

---

〔1〕 维基百科，载 http://zh.wikipedia.org/wiki/% E6% B0% A3% E5% 80% 99% E8% AE% 8A% E5% 8C% 96，最后访问日期：2013 年 6 月 11 日。

〔2〕 国家气候变化对策协调小组办公室与中国 21 世纪议程管理中心主编：《全球气候变化：人类面临的挑战》，商务印书馆 2004 年版，第 17 页。

存在才使得气候变化问题更加复杂化。因为从对地球历史进程科学研究的结论来看，地球历史存在的多次气候改变，例如历史上的多次全球变暖或变冷，都极大改变了人类或其他物种的生存环境。

（二）气候变化与人类因素

在人类活动影响气候变化之前，存在着自然气候变迁，地质学上的特征显示出在地球整个的自然历史中，温暖期与冰期交替出现，其经历的是大跨度的地质历史时期。[1] 这种地球气候的大变迁甚至影响过物种的进化或灭绝。这种自然气候变化能量也是极端的，从某种意义上说人类力量造成的气候变化仅仅是这种巨大进化能量的辅助动能。人类的活动或多或少在加速这种自然气候变化过程。这一过程产生的不利因素才是人类所迫切关注和遏制的。从这种意义上理解，人类因素产生的气候变化与自然气候变化力量之和才是产生现有气候变化问题的关键因素。而且自然气候变化的能量是居于主导地位的，人类活动所造成的气候变化能量与之相比，则仅仅起到一种催化的效果。因此，在讨论气候变化问题以及遏制气候变化带来不利影响的问题过程中，应当看到自然本身的重要作用，看到人从属于自然变化的辅助地位。基于此来理解气候变化，就不难看出利用自然抵御气候变化带来诸多不利影响的重要意义，也可以避免过分夸大人的因素，从而产生厌恶人类发展甚至是人类活动的极端思潮。[2] 这就为人类可以正视自身的地位，寻找共同应对气候变化带来不利影响的同盟军创造了认识上的矫正契机。

有力应对气候变化，必须为人类自己寻找可靠的支持力量，借用自然之力抵御气候变化才是一种持久的行动路径。对气候变化的理解不应只局限于人类活动本身，气候变化带来的不利因素才是我们所应积极应对的。人类在改造自然过程中更加珍惜自然之力，主

---

〔1〕 张建伟、蒋小翼、何娟：《气候变化应对法律问题研究》，中国科学出版社2010年版，第3页。

〔2〕 这种思潮一直存在，例如"环境法西斯主义"、极端的生态中心整体论等，这些思想对人类整体的发展来说不一定会产生促进作用。

动利用自然规律抵御气候变化带来的不利影响才是应对气候变化的本意。这其中应有两个层面的意思：一是人类遵循自然规律是应对气候变化的问题的前提，人类不可以抛开自然规律，抛开自然同盟力量独自应对气候变化；二是我们所要应对的不是气候变化本身，而是气候变化带来的影响人类生存与发展的诸多不利因素。这才是气候变化之所以成为问题的关键所在。

二、自然力量在应对气候变化中的作用

（一）谎言与真相：气候因何变化

气候的转变是地球自然进化过程中再普通不过的自然现象了。但是这种自然的活动越来越与人类的产生与发展紧密联系，甚至在一定范围内人类将要或已经成为确定不移的罪魁祸首。然而事实并非如此简单，关于气候变化产生的"终极原因"是存在很大争议的，有些时候由于立场不同，科学领域的研究权威们会得出不同的结论。一时间国际社会中"谎言"与"被谎言"的口诛笔伐相继上演，好不热闹。在科学论战热闹表象的背后，我们应当反思的是气候变化的原因到底有哪些，而这些问题恰恰是科学反复论证的。至于人为作用的大小则仅仅是科学激辩的焦点，而非本书所要急于选边站队的问题。

谈起气候变化，人们自然而然就会认为是近两百年之内的事情，但是科学上的气候变化历史离我们甚为遥远，以至于人类尚无历史之时，气候变化就已经在地球的伟大进化中反复出现了。有研究表明，在过去的 300 万年内，地球上大概每 10 万年就会有一次冰川期发生，其持续的时间大致是 5～25 万年。有的科学家还认为在我们通常所认为的冰川期（更新世，距今约 1.64 万年）之前，地球就已经有过 7～20 次冰川期，并且我们目前就处于两个冰川期之间的气候较为温暖的间冰期。[1] 可见，气候变化已经是地球漫

---

〔1〕〔英〕迈克尔·阿拉贝：《气候变化》，马晶译，上海科学技术文献出版社 2006 年版，第 67 页。

长进化发展中再平常不过的自然现象了。即使是在没有人类的世界里，这种变化也在不停地发生。

与长期存在的气候变化不同，自人类有历史记载以来气候变化逐步引发了一系列的环境改变，并越来越影响到人类自身的生存与发展。这些不利因素的存在使气候变化成为人类面临的一个严重威胁。世界历史上由气候变化导致的国家或民族消亡、农业或畜牧业民族被迫迁徙等现象比比皆是。从公元前 3000 年左右美索不达米亚平原和埃及气候逐步变得干燥与凉爽后形成最早的城市开始，到公元前 1500 年印度河文明的消亡；从公元 1200 年前蒙古帝国的崛起到公元 1434 年后高棉帝国淹没在热带丛林中，人类历史上的辉煌与衰退都与气候变化紧密联系在一起。正是这种人与气候变化的深层次联系逐渐迫使人们关注气候变化的方方面面，激发人们不断探索气候变化的内在原因。

工业革命之后随着人类科学技术的进步，气候变化的科学因素被逐步认知。早在 1827 年，法国科学家巴隆·富里叶就提出了温室效应引起气候变化的论点。然而这种认识很快被人类排放的二氧化碳会被海水广泛吸收的乐观科学认知掩盖。但是，当人类历史进入黄金发展的 20 世纪 60~70 年代，气候变化对人类影响终于成为一个重要的问题被提出来。20 世纪 70 年代，“重要环境问题研究”和“人类对气候影响的研究”两份研究报告引起了人们对于气候变化的广泛关注，也成为 1972 年人类环境会议中有关气候变化问题的重要背景资料。

自此，温室气体排放产生气候变化的观念逐步成为一种较为主流的认知。但是怀疑者仍然不断地挑战这种看似真理的科学认识。最显著的怀疑正是气候变化本身，但由于检测气候变化目前唯一的科学办法就是将现有气候变化历史与过去的相比较，遗憾的是这种对比在人类漫长的进程中已经变得极其不可能，没有记录、没有文献，这种数据上的比较只能是种科学假设。既然无法获知气候变化是否与温室气体排放有关，甚至无法获知气候变化本身是如何产生的，那么由温室气体造成全球变暖并最终带来气候变化的说法，就引起了科学界的不断质疑。虽然人们尝试其他方式，诸如检测树木年轮、放射性碳元素等手段也可以得出气候变化相关的数据，但是这些方式本身依然存在不确定性，这就使得上述观点更加不具备科学性。事实上，气候变化的原因一直以来就是科学争论的焦点，正如科学本身的不确定性以及人类认识能力的不断更新，气候变化的原因已经不能简单地概括为温室气体排放。

伴随着质疑之声，气候变化问题度过了20世纪，进入21世纪。2009年，一则新闻震惊了全世界：就在哥本哈根气候变化会议召开前夕，黑客从英国东安吉利亚大学气候研究机构服务器上获取的信息表明，支持气候变化的科学家们对其所获取的科学数据进行了有选择的剔除。数据造假、事实不明使得联合国政府间气候变化专门委员会深陷信任危机；地球变暖是"不可忽视的真相"还是"世纪大骗局"，以及对由此带来的气候变化是谎言还是真相的猜测，都使得气候变化问题成为困扰人类社会的科学疑团。至今，不同的利益集团对于气候变化问题依然采取了不同态度：当英国人鼓吹应对气候变化、欧洲人挥舞减排大棒之时，美国人却认为应对气候变化只不过是欧洲人遏制美国的"阴谋"，而俄罗斯人也许会对全球变暖带来的肥沃土地以及可能的国土兴奋不已。人为因素已经把气候变化成为问题的各种因素都泯灭了，政治才是气候变化这一问题纠结不已的最现实因素。

（二）被无限放大的人为因素

不论气候变化是不是由于温室气体排放带来的全球变暖所引发，温室气体排放带来的巨大影响也是存在的。而科学界公认的温室气体包括了二氧化碳、水蒸气、甲烷等，其中影响能力最大、造成全球变暖功能最大的就是二氧化碳。据此，有科学家就指出："对制造二氧化碳起到了最重要的作用的，是我们的仆人——数十亿台使用化石燃料，诸如煤、汽油、石油制燃料，以及天然气的发动机。其中最危险的是用煤来发电的发电厂。"并且科学实验表明

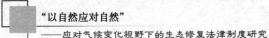

"每消耗一吨无烟煤，就会产生一吨半的二氧化碳"[1]煤炭就此成为全球变暖乃至气候变化的万恶之魁。一时间节能减排、低碳发展、低碳生活、减少碳排放、碳捕捉、碳封存等流行词汇大量涌现在我们正常的生活过程中。然而煤炭本身并非是有罪的，人利用煤炭产生的后果才是大家攻击的对象。

人类利用煤炭的历史是久远的，但是只有在人类广泛应用煤炭进行发电、进行化工生产等活动的今天才成为人们批评的对象。利用煤炭资源产生二氧化碳这种气候变化的人为因素是不是被不当夸大了呢？节能减排固然重要，因为资源，特别像煤炭这种化石资源对于人类短暂历史来说是极其重要的生存和发展原动力。然而低碳生活、低碳发展等新鲜的生活方式真的能够做到吗？真的是必须的吗？拉扯人类与气候变化的关系，可能本身就已经赞同了"全球变暖与人类的活动有关，而人类活动就是二氧化碳增加的最主要原因"这种论点。如果真的是这样，这里也就没有讨论气候变化与人类活动关系的必要了。然而，两部引起不小轰动的纪录片《难以忽视的真相》与《全球变暖的大骗局》相继出现使得人们对于全球变暖的问题再次陷入难以辨析的争论。本就难以掰扯清楚的气候变化问题更难以站明立场。特别是"当政治开始控制科学问题时，科学的正确性已经大打折扣。很多时候我们已经无法确认哪些是真的，哪些是假的。"[2]仁者见仁智者见智比较明智点！

笔者认为，虽然有证据证明二氧化碳与温室效应以及气候变化有一定关系，但人为二氧化碳排放造成一定时期内的气候变化现象本身并不是我国所应当担心的。也就是说所谓人与气候变化关系的论战不应以个别国家的科学研究为依据，而是应当在广泛科学论证基础上将其放到国家内部对民族生存与发展有益的内部环境中进行

---

〔1〕[澳大利亚]蒂姆·富兰纳瑞:《是你，制造了天气——气候变化的历史与未来》，越家康译，人民文学出版社2010年版，第21页。

〔2〕王子忠:《气候变化：政治绑架科学》，中国财政经济出版社2010年版，第21页。

讨论，这种讨论才有其实际意义；气候变化是再平常不过的地球进化过程，每一次变化都会伴随新的物种产生和消亡，人们在气候变化中唯一可以做的是尽量适应这种变化，尽量不去消亡，尽力维持人们在自然界中的主导地位，提高人类改造和适应自然的能力。气候变化带给人们的明天可能并不是末日，它也可能给人们带来更多的进步。例如煤炭等化石资源的利用，几万年前人们根本不知道煤炭的利用价值，几千年前人们也不知道石油还能够驱动汽车与现代工业化的脚步，几百年前人们更不会知道他们会成为气候变化的所谓罪魁祸首！谁能保证在我们持续利用煤炭等化石资源创造更大生产力基础上，不会有新的能源利用和生产、生活方式的产生呢？又如，恐龙的灭绝是自然的杰作，同样，如果自然需要人类继续进化，我们也必须让出我们的生存空间给更加高级的生物，这才是尊重自然规律。历史是发展的，人类的未来会以怎样的方式活动都是某种程度的未知。我们敬畏自然不代表我们要把自然变得不可利用，我们利用自然并不代表是不加节制地滥用。今天的低碳可能使得我们更加依赖缓慢消耗的化石资源，而更加广泛但有节制地利用自然资源创造更高层次文明则可能使我们真正摆脱对化石资源的依赖。今天太阳能电池汽车以及水能、风能发电技术的出现就是一种前兆。

因此，人的生存与发展只是一种存在的本能，他们是无罪的。过分夸大人与气候变化的关系将会陷入极端环境保护主义的误区，从而憎恶人类本身。[1] 人是有欲望并有节制的生物，这是其区别于其他动物或生物的一个最为重要的特征。当然人也有贪婪的时候，但是他们最终会受到本国国内各种规则的束缚，这是一种有效地确保人之所以为人以及社会人存在的手段。利用国内法维护人对

---

〔1〕 当代，诸如绿色和平组织部分人"回归中世纪生活"的主张就极具极端环保主义的代表性，并且这部分人的支持者不占少数，却都集中在发达国家，或者文明和社会经济相对发达的地区。这些人的一些行动已经超越了社会公益的范畴，甚至成为某种政治主张，他们的组织也演变成一些政治组织。

自然索取的限度也是一种最现实、最有效的应对气候变化方式。这种情况下人的行为就是可控的，气候变化人为因素就可以为人类自身所控制。正因为如此，人类无须过多担心二氧化碳的排放。从某种角度上来说，反而更应当展望因二氧化碳排放带来的零排放时代。

（三）被忽视的自然因素

我们应当找寻人与其他生物共同对抗气候变化的可能，而不是将所有的恶都强加在人类生存与发展的本能上。自然界的进化是伟大的，万物相生相克，彼此相互联系。在有排放二氧化碳的群体存在时，必有吸收和控制二氧化碳的群体存在。

科学家不止一次地证明了自然自身吸收与缓解气候变化不利影响的能力。正如二氧化碳的存在为人类所公知一样，海洋、森林以及其他生物吸收二氧化碳，缓解大气中有害气体的能力也是公认存在的，并且这种能力异常巨大。有研究显示："从大气中吸收二氧化碳，同时释放氧气，在这一点上，海洋有着和森林一样的作用。海洋仿佛是一只巨大的二氧化碳沉淀池，目前已经储存了 1500 亿吨的碳；仅在去年一年，海洋就吸收了 23 亿吨的碳，是人类全年释放二氧化碳总量的 1/4，相当于美国在 6 年内消耗的汽油量。"[1]即使该研究随后指出，海洋吸收二氧化碳的能力正在下降，但是同时期的一份研究报告表明："虽然南大洋的气流和风速确实正在变化，但南大洋面对全球变暖显示出了极强的调节恢复能力，南大洋吸收二氧化碳的能力依然良好，南大洋依然是全球一个稳定的二氧化碳吸存槽，这无疑将对现在全球稳定大气中温室气体的努力带来积极的影响。"[2]可见，海洋作为自然界应对温室气体排放主力军的能力和作用是依然存在的。这确实是一种好的消息，人类在应对

〔1〕 "科学家称海洋吸收二氧化碳能力逐渐下降"，载新浪网，http：//news. sina. com. cn/w/sd/2009 - 12 - 29/114119360637. shtml，最后访问日期：2013 年 8 月 1 日。

〔2〕 "研究表明南大洋吸收二氧化碳能力依然良好"，载搜狐网，http：//it. sohu. com/20081126/n260853140. shtml，最后访问日期：2013 年 8 月 1 日。

温室气体产生的气候变化过程中总算正面评价了他们的自然同盟者。正视这种自然恢复力量，显然对于应对气候变化问题的人类来说是一种极好的开始。事实上，在二氧化碳吸收问题上，地球的植被和土壤也是一种"巨量储藏所"，它们也是"碳循环的关键因素"。研究表明：农业和畜牧业活动能够产生大量腐殖土，"目前有许多碳——大约 11 800 亿吨——以这种方式储存；超过储藏在活体植物中的两倍，而且要储存更多，也是既简单又可取的"[1]。可见在处理地球的二氧化碳问题上，地球上的海洋、土壤以及植物与人的作用和目的都是一致的。人为的以二氧化碳为主的温室气体排放可能是全球变暖的最主要原因，也可能是气候变化的诱因，但是自然帮助人类恢复全球平衡的能力和作用不应被忽视。更何况人类科学已经确凿地证明了这种自然自我恢复能力的存在。

自然的自我恢复能量是巨大的，这是科学共识。为此我们可以抛开气候变化问题应对过程中人类本身应当做何行动，因为这种行动需要太多的政治支持和太多的博弈与妥协，这可能拖延人类对气候变化做出反应的时间，从而错过最佳时机。我们可以及时采取行动，最大可能利用自然修复能力，或者利用人类自身技术优势提高自然自我修复能力。这种方式比扯上政治问题的世界性人类集体行动要实际得多。因为这种自然自我修复能力依国情不同而有所变化，地理位置的不同使得各国采取行动提高自然自我修复能力的手段也不相同。正如使得受损的化石资源开发地区生态环境得以尽快修复，甚至改造当地的生态系统，形成能够更好吸收二氧化碳的森林或植物覆盖地带，可能是资源开发型地区或国家能够及时做到的最好的行动。正如英国石油公司在西澳大利亚资助栽种 25 000 公顷的松林，以抵消其在佩斯附近的精炼厂的排放所做的贡献那样，修复自然是一种比争吵更有用的实际行动。虽然科学界对于这种自然

---

〔1〕 Cox, P. M. et al. , "Acceleration of Global Warming due to Carbon – Cycle Feed-backs in a Coupled Climate Model", *Nature*, vol. 408, pp. 184 ~ 187.

修复能力存在诸多质疑，但是相对于被政治绑架的遥遥无期的全球应对气候变化行动而言，它更有现实可操作性。踏踏实实地工作总比喋喋不休、满嘴仁义对人类生存和发展要有利得多。

三、与自然同行：人与自然共同应对气候变化的不利影响

正是那些政客绑架下的应对气候变化行动使得关乎人类生存和发展的严肃问题成为空谈，是时候抛开不切实际的争吵，踏踏实实从自身国内做些事情的时候了。如果我们通常所说的节能减排以应对气候变化多少关系政治以及国家民族利益，那么行动起来利用自然改善本国生态环境状况，利用自然自身修复力量增加抵御气候变化带来的不利因素将更加现实可行。

（一）应对气候变化的科学途径

必须首先说明的是，本书之所以称"应对气候变化"是基于当前我国立法研究以及科学研究的现行惯例。气候变化问题本身是无法改变的，这是亿万年地球进化的规律，人类以及其他生物唯一能做的就是积极适应这种变化。从这种意义上说"适应"比"应对"更加贴切些。但是在人类巨大的改造和利用自然欲望以及能力面前，适应显得过多的无奈，应对则包含了适应与主动对待气候变化问题两个层次的人类决心。正如迄今为止人类不断尝试的科学途径那样，在气候变化问题上人类不仅仅是单纯地适应，即使是适应也是积极地通过改造自然、利用自然而进行主动对待气候变化问题。这些手段很大程度上都是通过自然规律本身实施的利用自然应对气候变化的行为。例如人类在获知海洋是最大二氧化碳吸收者之后，充分利用这种自然属性实施了一系列的科学研究，取得了一定的成果。有研究证实："海洋在调节全球气候变化，特别是吸收二氧化碳等温室气体效应方面作用巨大。人类活动每年向大气排放的二氧化碳总量达55亿吨，其中约20亿吨被海洋所吸收，陆地生态系统仅吸收 7 亿吨左右。"[1] 除此之外，森林也是较为主要的吸收二氧化碳的另一个重要方式：据统计，截至 2008 年，"全球植被固碳总量约为 4660 亿吨碳（1 吨碳相当于 3.67 吨二氧化碳），1 米深范围内的土壤含碳量为 20 110 亿吨碳，两者合计近 25 000 亿吨碳。而大气中现有碳含量约为 7600 亿吨碳，约为陆地生态系统碳总量的 30%。在各类植被类型中，森林的储碳量约占整个植被总储碳量的 4/5。因此，森林被公认为是最有效的固碳方式。"[2]

正是上述自然吸收二氧化碳现象被发现，科学界关于利用这些自然力量减轻温室效应以应对气候变化的研究就从未停止过。但是这种努力常常被政客或者各种所谓的极端环保主义者刻意抹杀或忽略。近几年的实验充分表明，在海中施加铁粉会刺激浮游生物惊人地生长，它们生长时能够俘获表层海水中的二氧化碳，而死去时，又将其带入深海。这种技术虽然经过实验有其实施的可能性但也存在成本高等副作用。但是该发现充分表明通过人类科学干预提高海洋吸收二氧化碳能力的可能性。行动永远比空谈更对这个世界有用。当一些人开始科学利用自然抵御气候变化带来的不利影响时，总有另一批人怀着救世主的心态喋喋不休地质疑。当大多数人，或者很多地区以及国家依然穷困潦倒，依然动乱需要发展的时候，不切实际的节能减排只能使他们丧失最基本的生存和发展权。这种现实的空想远比现实的行动危害巨大。我国近年"拉闸限电"的闹剧不正好说明这种空想的危害吗？正如纪录片《全球变暖的大骗局》[3] 说的那样，任何对人类因素引起气候变化存在质疑，甚至仅仅是对节能减排存在质疑的论点都会被一种看似理性的激情所痛

---

[1] "海洋低碳技术"，载百度百科，http：//baike. baidu. com/view/10573528. htm，最后访问日期：2013 年 8 月 1 日。

[2] "我国森林 25 年吸收二氧化碳 46.8 亿吨"，载新浪网，http：//weather. news. sina. com. cn/news/2008/1219/35911. html，最后访问日期：2013 年 8 月 1 日。

[3] 为了实现我国"十一五"期间将单位 GDP 能耗降低 20% 的承诺，于是突击减排作为各地政府限时完成任务，一场节能减排大跃进"拉闸限电"随时产生。

斥，这种时候，还是避免站队，保持缄默的好。暂且不说吧。但是不说并不能泯灭早已存在的自然规律。且不论二氧化碳是否是温室效应的元凶，也不论人类因素是否造成气候的深刻变化，仅仅就地球进化历史来说自然总是能够自我调节的。如果非要抓住二氧化碳这个元素或者人为产生的二氧化碳这个事情不放，实际上就已经自然地选边站队了，但即使如此，自然的力量在气候变化的应对中也是极其重要的。

暂且抛开种种争论，看看自然的作用吧，哪怕是冷静下来简单地听听自然能够做什么。森林和土壤同样是二氧化碳的吸收者，它们和海洋共同构成应对气候变化的自然力量。恢复森林的活动正在不断展开，各国植树造林收到显著的即时成果也是科学界公认的，这里无须赘述。关于土壤，有研究表明，土地用途的改变也会影响气候，例如砍伐森林建农田，就等于将深颜色的地面植被换成了浅颜色的植被，反射阳光的能力增强，气候会变凉。土地用途改变对气候的影响，主要是局部的，但一旦土地用途变化的范围全球化，这些影响就会随之全球化。与人类活动造成的非温室气体排放对气候的影响结合起来，全球气温下降，有可能抵消温室气体造成的气候变暖的30%，气温下降的大部分原因，在于含硫液体微粒的反射能力。[1] 如此可见，森林和土地的修复与复垦对于减少温室效应、应对气候变化有着举足轻重的实际效用。就我国国情来看，在资源开发和利用过程中加大对于森林以及土地修复的力度，对于我国应对气候变化的实际作用将难以估量。自然的力量是伟大的，但经常被人以各种理由加以忽视。人们常常认为自己是无所不能的救世主，可又虚伪地强调尊重自然。在自然有权自我修复的时候，"救世主"又去剥夺这种权利和自由。许多人就是活在这种自我矛盾之中无法自拔，最终只能像绿色和平组织极端成员那样厌恶人类，成

---

〔1〕 ［美］安德鲁·德斯勒、爱德华·A. 帕尔森：《气候变化：科学还是政治?》，李淑琴等译，中国环境科学出版社2012年版，第85页。

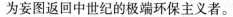

为妄图返回中世纪的极端环保主义者。

（二）应对气候变化政策的异想

抛开已经不是那么纯洁的气候科学研究，站在人类政策的角度来看，应对气候变化的路径依然是无力和单一的。许多人已经认定温室气体是产生温室效应进而造成气候变化现象的基本原因，其中人为因素是最根本的。因此，这些人在制定政策的时候一定首先考虑限制人的活动。人是有欲望限制能力的生物，这种自觉正是一种人性的表现。但是这并不意味着自然本身就没有可资利用之处，并不意味着所有的政策都要集中讨论如何限制发展的问题。

无论是征税、总量控制与交易制，无论是节能减排还是低碳政策无不关系到人的现实生存和发展问题。有时候这些政策牵涉到国际间的协调，有时候却很大程度上是一国内部的事情。自从 20 世纪 90 年代签署《联合国气候变化框架公约》以来，不论是 2005 年生效的《京都议定书》还是 2008 年"巴厘气候大会"相关协议的达成，抑或是近年"德班气候变化会议"实际上的无果而终，历次的国际博弈都反复论证着一个重要的问题：权利义务如何划分。这其实是一个复杂的关乎分配正义的问题。之所以迄今为止国际社会对于气候变化的应对尚未形成实质性的具有约束力的国际协议，最重要的一个原因就是生存与发展权作为人类最基本人权的不可剥夺性。不能说发达国家的人就不应该享受丰富物质生活，就非得向发展中国家承担繁重的义务；更不能说发展中国家的人民就必须限制发展去迎合一些发达国家应对气候变化的责任压迫。因为人的生存和发展都是平等的，唯有自然竞争才能够公平地裁决何者有效和正当。正如"非洲梦"中所涉及的非洲人民最基本的生存和发展权一样，活下来并尽快摆脱战乱与贫困才是他们所关心的事情。极端环保主义者却毫无同情心地安排非洲人民使用风能或太阳能，对他们利用本国化石能源横加指责；但是当公认的世界第一强国——美国都以化石能源使用为主时，有何理由让贫穷的土地上的人民使用连富国人民都难以广泛应用起来的高新能源技术呢？这难道就是应对气候变化国际合作应当达成的协议吗？基本人权何在？中国也是如此，我国每一地区的人民都渴望生态文明社会的和谐生活，但是国情决定了一部分地区是靠大量的资源开发和利用获得发达的经济现状，而绝大部分地区的人民仅仅活在能够解决温饱问题、活得下去的状态。很多地区还是过着靠出卖人力和资源迈向富裕和尊严生活的社会经济状态。从开着豪车的煤老板惹人记恨的那一刻起，有多少人想过还有很多人靠煤炭在奔向自己的"中国梦"呢？在精英制定气候政策的时候是不是能够同情这些国家或地区人民那岌岌可危的"梦"呢？

应对气候变化的政策乃至环境保护政策能不能不再把人类多数人的梦想加以扼杀？笔者不得不胆大妄为弱弱地问一句，应对气候变化的政策就只能抓住二氧化碳一种元素不放吗？事实上二氧化碳仅仅只占地球大气比例的 0.03% 啊！人们有认真考虑过太阳活动以及占大气绝大部分的水蒸气对于气候变化的作用吗？政策指向或应对气候变化的手段可不可以更加灵活和多样一点呢？固然政策的制定最终指向的只能是人类活动，人的行为才是法律制度调整的对象，但是不是可以不将人类的生存和发展权作为主要限制对象，而将人类改造和利用自然并最终修复自然作为鼓励对象，来制定相应的应对气候变化政策呢？简单来说，人类可以限制自身的生存和发展欲望，但仅仅限于有助于更多人更加有利获得生存和发展权。这种限制必须是有限的和依据不同国情和地区发展情况而变化的，不能够整齐划一、"一刀切"。政策在控制二氧化碳、倡导低碳生活时应当更多考虑落后地区人们的需求，给他们利用资源全力发展的空间和时间。政策相对复杂才能够体现不同人群的需求，才是尊重人权和民主的政策。

更重要的是，政策也不能偏听偏信一种科学逻辑，而是应当允许科学思想的多样化存在，这样科学手段也将是丰富的。正如应对气候变化时其他科学理论所表现出的尊重自然自身力量的技术选择，通过人力更加广泛利用自然，帮助自然获得更多自我调节以应对气候变化的能力，使其更好地为人类所用去抵御气候变化带来的不利影响。实践中，各国广泛开展的土地复垦和森林植被恢复就是一种良好的开端。这就是说除了关于控制人为因素产生碳的各种应对气候变化政策之外，还必须加强减少和控制碳的自然手段相关政策的制定。但是在制定这些政策的过程中最关键还是要实现人的生存和发展权的分配正义。

（三）人与自然休戚与共：应对气候变化的简单选择

人们应当充分利用和尊重自然本身力量去进一步优化自然，使其能够在应对气候变化中成为人们抵御诸多不利因素的重要措施，或者说是天然盟友。人与自然在应对气候变化的过程中所面临的抉择与困难是一致的，为了生存和发展的目的更是一致的。生存与发展既是一种再基本不过的人权也是一种应当被人类共同尊重的自然权利。在气候变化的过程中人只有与自然本身休戚与共才能够赢得自然的尊重，才能利用其抵御气候变化带来的生存和发展威胁。

气候变化给人类的生存和发展带来前所未有的巨大挑战，这是不得不承认的现实。但是弄清楚人类在气候变化中的作用是万恶的还是正义的，就如同让日本承认自己罪恶的历史一样难受。与其无休止地去争论人在气候变化中是善是恶，不如人类去自赎，用人类自己的行动改善并创造自然抵御气候变化不利因素的能力。这一点在实际行动中往往被忽视。不论是现行的国际公约还是国际间的协议都在限制人类生存和发展行为上做足了文章。国家间总希望别国承担更多的限制发展的义务，却总希望自身获得更多的发展机遇。实际上，对于一国应对气候变化的行动来说，国内行动的力度可以再大些，与其自缚手脚等人救赎不如自己利用已有的条件改善自身应对气候变化的环境。求人不如求己，国家内部可以吸收二氧化碳的森林和土地多了，环境好了，对于他国给予配合的需求就会减少些，这其实迎合了一部分气候变化论者对于二氧化碳的执着。生态得以修复，环境得以改善是自力更生应对气候变化的重要路径，而不是仅仅靠国际间对于二氧化碳问题的纠结。当然，更少点温室气体的排放对于气候来说可能是有利的，但这并不意味着对于碳元素的穷追猛打就可以否认自然本身的自我净化和再生能力。相信国际间对于达成生态修复方面纯技术合作行动的共识，比达成被政治绑架了的应对气候变化行动协议更容易吧！

人与自然本身是相互协作、相互依存的，没有了自然力量的辅助，人类哪怕是一天都无法在地球上生存下去。人为的因素不论对气候变化的发生起到了多大的作用，自然本身的力量都是始终存在的。就以大家热衷的二氧化碳为例："大约97%的二氧化碳来自自然界。每年大约有3000亿公吨的二氧化碳来自动物的呼吸、腐烂的植物、森林大火、火山爆发和其他自然现象。人类活动，诸如开车、烧煤、农耕、工业生产和其他活动所产生的二氧化碳占3%，每年约产生80亿公吨二氧化碳。"[1] 这些数据也是目前国际社会气候变化领域研究所公认的。但是问题是，即使权威的数据显示二氧化碳的绝大部分来源是自然界本身，二氧化碳论的支持者们也依然坚定地认为是人类的那3%"排量"改变了二氧化碳的平衡。那即便如此，减少人类所占极少比例的那部分二氧化碳，难道会比直接减少地球自身二氧化碳含量，或者扩大地球自身吸收二氧化碳量更容易吗？地球自身净化二氧化碳的能力是自始存在的。地球自其产生的那天起就在不停地通过自身的力量努力平衡着二氧化碳。据估计，地球大气层中每年有大约1100亿吨的碳被光合作用转化成有机碳，其中99.99%又通过氧化反应被重新释放到大气中，只有不到0.01%的有机碳因为地质变动的原因而留在了地壳里。[2] 日本国立环境研究所在其官方网站上公布资料说，由该研究所大气动态研究室主任远康德（音译）领导的研究小组，精密分析了从冲绳及北海道观测点采得的大气样本，计算出全球大气、海洋和陆地生

---

〔1〕 "NASA即将发射碳观测卫星 追踪地球上的碳足迹"，载搜狐网，http://it.sohu.com/20081209/n261093901.shtml，最后访问日期：2013年8月6日。

〔2〕 袁越："地球上的碳都到哪里去了"，载《广西林业》2009年第4期。

物圈的碳收支情况。结果发现,1999 年到 2005 年,源自化石燃料的二氧化碳排放量的 30% 被海洋吸收,14% 被陆地生物圈吸收。这一研究和美国此前一项关于 20 世纪 90 年代全球碳收支的研究结果几乎一致。[1] 英国科学家沃夫甘·诺尔在美国期刊《地球物理学研究快报》撰文指出:"尽管二氧化碳的年排放量从 1850 年的 20 亿吨上升为现在的 350 亿吨,但是地球仍能够通过海洋和森林储存相当数量的温室气体。"他认为,"过去 160 年来,人类排放的二氧化碳总量有一半以上为地球所吸收。大气中二氧化碳的含量一直保持在 50% 以上,尽管排放量剧增,这一比例始终浮动不大。这意味着地球吸收了越来越多的二氧化碳,人们过去可能低估了地球的能力。"[2] 虽然他也指出并不能对气候变化问题有所放松,但是一个个有力的科学研究已经表明二氧化碳是可为地球自身力量所平衡的。有证据显示:大气中二氧化碳浓度的提高加快了森林的生长速度,促进了土壤对二氧化碳的吸收,这说明大自然正在努力地试图平衡人类带来的影响。[3] 与人类的自我限制相同,自然界也在对温室气体进行卓有成效的"减排"。忽视自然对于温室气体的"正能量",过分夸大人类因素,对于借助自然规律减轻地球气候变化带给人类的诸多不利影响来说可能是不明智的。

事实证明,只有人类与自然相互依存,加深合作,充分利用自然自我平衡的力量,或者通过人类的行为提高生态系统的有效平衡能力,才是应对气候变化过程中人类应当优先考虑的手段之一。

---

〔1〕 远康德:"近半数二氧化碳被地球吸收",载科学网,http://news.sciencenet.cn/htmlpaper/200812815231407998.html,最后访问日期:2013 年 8 月 6 日。

〔2〕 莫白译:"地球吸碳能力高于预期",载《中国气象报》2009 年 11 月 20 日,第 4 版。

〔3〕 袁越:"地球上的碳都到哪里去了",载《广西林业》2009 年第 4 期。

第二节　通过国内法达到应对气候变化的目的

　　国际条约在很大程度上是国家力量对抗并短期妥协的产物，并且其道德因素在很多情况下超过其本身的法律强制力。国际条约缺乏正义强制力，这是国际条约一再为部分发达国家操纵并以其意志控制世界、划分世界政治力量版图的有效工具的原因之一。国际法的无奈也尽显于此。与其与部分发达国家无休止地讨价还价，不如从本国内部事务做起，从国内应对气候变化法体系的形成做起，形成国内法依据，以此对抗部分发达国家主张的不平等义务。

一、国内问题：应对气候变化的现实

　　（一）从科学到政治：气候变化问题质的转变

　　气候变化之所以会产生影响人类生存与发展的恶劣作用，并不单纯是气候变化本身所带来的影响使然。在很大程度上，气候变化所间接引起的生存和发展环境不利于人类本身的巨大改变才是真正应当面对的气候变化问题。目前，提及气候变化问题也都是从这个角度去阐释论证的。然而气候变化的概念经常与一些相关的概念相混淆，例如温室气体、全球变暖和天气变化等。人们切身体验到的不利于人类本身的巨大改变，也正是通过温室气体排放带来的天气异常变化所传递的直接信息。不难看出，这些概念之间似乎存在一些较为严谨的联系，简言之，"温室气体是一类在接近地球表面的地方捕获热量的气体。当大气中温室气体增多，它们捕获的额外热量就导致了全球变暖。然后，变暖又反过来对地球的气候系统施压，并可能导致气候改变。"[1] 但是气候变化的原因还是极其复杂的，并不是温室气体导致的全球变暖就能够彻底改变整个地球的气

---

　　〔1〕　〔澳大利亚〕蒂姆·富兰纳瑞：《是你，制造了天气——气候变化的历史与未来》，越家康译，人民文学出版社2010年版，第11页。

候。我们很大程度上都只能感受到天气的多变，比如"今年热了点"、"冷了点"、"旱了点"，诸如此类云云。

当然，温室气体变化所带来的全球变暖现象更加深入人心，其带来的不利影响也越来越成为公认的人类生存威胁。但是与这些可以直观感受的现象所带给人类的信息不同，气候变化带给人们，特别是各国普通民众的印象依然是模糊的。甚至气候变化到底由哪些因素产生，对人类是否真的有害，乃至气候变化是一种科学还是政治等议题都还在被广泛争论。如果说气候变化的科学论证尚可一论其谬误的话，那么气候变化问题的政治性藩篱越来越使其难以捉摸。可以说自《京都议定书》等国际性条约在一次次闹剧中收场后，气候变化及其应对手段的选择越发脱离科学本身，在全球范围内更加凸显其政治性特征是在应对气候变化过程中不得不面临的现实问题。应对气候变化已经从纯科学领域的研究探讨，变得越来越功利化、政治化。

但是并不是否认这种政治化的转变，事实上，正是气候变化的这种政治讨论才凸显出应对气候变化的社会意义。也就是说，气候变化问题的实质是一种社会问题的最终解决，停留在科学争论的气候变化问题对整个人类的生存和发展而言是没有现实意义的。

（二）国内事务：气候变化问题因此引发全球关注

气候变化之所以从一种特殊的科学争论转化为全球关注的热点问题，并不是因为这种现象本身蕴含有多大的科学研究价值，诚然这种科学研究价值也是难以估量的，而是因为应对气候变化本身。有没有应对气候变化的现实可能性？何以应对气候变化？应对气候变化的具体措施有哪些？等等，诸如此类更为具体的社会问题才是使气候变化问题迅速成为热点的关键。

气候变化引发的一系列生态环境的改变越发使得人类生存和发展受到前所未有的威胁，主要表现在其对于农业生产和资源开发等方面的不利影响。这些不利影响最终带来关乎人类生存和发展的一系列严重社会问题。也正是社会问题的最终浮现将气候变化这一自然现象转化为人类关注的热点问题。气候变化引发生态环境的变化未必可以最大程度激起全球的共同反省，只有当这些变化转变成为危害各国国民生产和生活现实问题的时候，各国或者各个民族才能出于求生的本能关注应对气候变化的诸多问题。因此，气候变化问题引起关注的第一个层次的原因是其所引发的生存和发展问题直接威胁到了各国或各民族的单独利益。不同人类利益集团求生本能是促使气候变化问题引发关注的最根本原因。

气候变化问题不是简单的全球协作应对的问题，而是多种政治因素共同博弈的社会问题。从本质上说，气候变化问题引发关注不是出于简单的全球公益，而更多的是在兼顾全球公益基础上，实现各国国内各种利益团体权益的有效平衡，是各国内部的公平和正义问题。因为，在面对气候变化的应对问题上，"各国不仅主张采用不同的正义原则，而且以不同的方式来看待气候变化所带来的风险。他们即便就正义原则达成了一种意见，也会以不同的方式来实施正义原则。"[1] 出于各国民族文化、宗教信仰以及发展阶段和社会经济条件的限制，其对于气候变化问题的理解也不可能完全一致。不同国家在制定各自政策时首先维护的是各自国内的各种利益的平衡，特别是在制定相应的法律法规时所要实现的是该制度对于本国国民的正义性。对于正义理解的差异就不能够简单将应对气候变化作为全球的正义诉求，而仅仅只能从本国国内正义实现的角度去配合全球应对气候变化的相对正义实现。总的来说，气候变化问题之所以引发相关国家的关注，并不是因为这一问题的解决能够为全球的所谓气候正义带来何种实现手段，而仅仅是出于各国对于能够如何为本国争取更多正当权益的深切关注。

因此，气候变化问题之所引发全球关注，一方面是出于本国国民自身利益诉求的切实满足，以及实现本国生态环境有利于生存和

---

〔1〕 ［美］埃里克·波斯纳、戴维·韦斯巴赫：《气候变化的正义》，李智、张键译，社会科学文献出版社 2011 年版，第 5 页。

发展的转变；另一方面，从更深层次来说，是出于各国意图通过国际政治利益博弈维护本国不同利益群体的正义诉求，从而实现国家社会经济发展和政权稳定的根本目的。归根结底，各国对于内部事务的关注才是气候变化问题成为全球焦点的根本动因。

二、国内立法是应对气候变化的现实选择

（一）国际法的无奈

国际法在应对气候变化问题上的无奈主要体现在其强制力的缺乏。毕竟是国家间综合国力最终较量的结果，因此作为国家间政治和经济意愿的最终妥协产物，国际法并不能从根本上实现各国内部应对气候变化行动的有效性。举一个最简单的实例，如果从1994年《联合国气候变化框架公约》的生效算起，到2011年中方代表团团长解振华在德班气候会议上怒斥西方为止，近二十年的时间我们看到的依然是西方发达国家在应对气候变化义务上的无所作为。迄今为止，国际上关于应对气候变化问题形成的具有影响力的国际公约有《联合国气候变化框架公约》、《联合国气候变化框架公约的京都议定书》、《德班气候变化框架协议》、《哥本哈根协议》等。虽然公约一步步落实了各国在应对气候变化中应尽的国际义务，但是这些国际义务都是一种相对无强制力保障的承诺。发达国家一次次逃避义务，强迫发展中国家，尤其是中国这样的新兴国家牺牲其发展机遇和国家利益，都表明通过国际公约达成应对气候变化国际行动的困难将始终存在。各国当然有将其国际公约中的国际义务转化为国内法的义务，但是在应对气候变化国际公约中，这种义务多是以国家工业化程度或进度的种种限制为主，而不是以建设大多数发展中国家甚至是极其贫困国家为主。国际法对于国内产业尤其是国家工业化崛起的支柱产业存在诸多限制，这是政治绑架了气候变化科学认识所产生的不利因素。

（二）分配正义的"中国梦"

经济决定政治，政治又反作用于经济，这是马克思主义政治经济学的经典论述。各国内部经济发展需求是国家政策以及制度选择

的根本依据。就我国现阶段基本国情而言，工业化依然是经济发展的有效路径。国家的工业化和地方经济，尤其是广大欠发达地区经济崛起的动力仍然是化石资源的开发与利用。这是人类历史特别是发达强国实现崛起的历史道路，事实证明他们是成功的，我们为什么不可以走？工业化的一个重要特征就是资源开发和有效利用，正如上海以及江浙经济的腾飞，离不开中部地区以及广大西部地区的资源和能源一样，中部以及西部地区的崛起也离不开资源的开发和高效利用。按照西方鼓吹的二氧化碳妖魔论来说，中国大部分地区都应当最大限度地减少发展的动力，停止享受难得的发展机遇。这对于那些靠资源开发生存和发展的地区或人民来说意味着继续为发达地区或国家打工，继续为他们提供低微的人力劳动，继续让中国大多数人守着资源过穷日子。这种限制发展的言论最好由他们自己去和很多依然生活在贫困线上的中国人民解释。经济发展在未来很长的一段时间内依然是中国大部分地区人民最迫切的愿望，不能说发展就一定是气候变化的罪魁祸首，发展在地球自然平衡的范围内，甚至是人类通过改善自然，提高地球自然平衡能力的范围内是必须的，也是无可指责的。在一定限度内更广泛、更科学开发现有资源，更高效利用资源获得最大经济发展动力，是中国绝大多数地区人民实现富裕目标，或者说是有"闲情逸致"关心地球气候变化以及环境问题的前提。这种迫切的经济发展意愿才是当前国内政治最紧迫的现实问题。最大限度实现国内人民对于经济发展的诉求，实现广大尚未富裕人群的经济利益，最终实现国内不同阶层人民生存和发展权的分配正义是最现实的"中国梦"。

（三）以自然应对自然的国内立法方向

政治是法治的依据，法治是政治的道德底线，政治的需求决定了法治发展的方向。我国人民争取生存和发展权分配正义的政治需求决定了国内应对气候变化法治发展的基本方向。最大限度保证人民共同享受国家发展带来的经济和政治进步则是我国应对气候变化法治发展的一项重要任务。因此，抛开国际不平等气候变化法律义务，转化有利于国内经济发展的国际公约法律义务，是国内应对气候变化法治建设的重要目标之一。对于国内应对气候变化立法而言，积极寻找自然手段，实现人与自然合作应对气候变化的法治路径则是我国应对气候变化的又一法治建设目标。如果二氧化碳真的是气候变化的罪魁祸首，那么人为减少二氧化碳的途径不外乎两种：一是限制人为二氧化碳的排放；另一种则是最大限度发挥自然吸收二氧化碳能力。关于限制人为二氧化碳排放，不论是在总量控制还是在关于碳交易等问题上，都存在限制一定地区人民迅速发展的可能。因此，这种立法形式在一定时期和空间范围内，不符合当地广大人民群众实现生存和发展权分配正义的政治需求，难以形成正义的法治理念并最终达成法治效果。徒法不足以自行，奈何急于为之？这一法治化路径应当以一百倍的谨慎加以甄别选择，以免引起对于法治权威的伤害最终影响国家权力的公信力。

而最大限度发挥自然吸收二氧化碳能力这一科学路径就有其转化为应对气候变化法治路径的可能性：其一，我国颁布的《中国应对气候变化国家方案》明确将恢复自然及其相关行为作为今后适应气候变化的国家基本政策；其二，利用人类的科学技术促进自然实现自我平衡能力的实践技术已经具备，将其转化为法治的技术和实践条件都已经相对成熟；其三，也是最重要的一方面，这一应对气候变化的法治思路更有利于使得落后地区的人民获得环境和经济发展上的双重改善，提高他们履行相关法律法规的自觉性，法的执行力有所保障。例如，现有的以土地复垦、生物修复等技术为主的生态修复技术不仅使得自然得以修复，也使得资源开发地区的经济社会发展能力得以修复；以植被恢复、重建森林为主的其他生态修复措施最大限度修复了自然吸收二氧化碳的能力，能够帮助人们抵御气候变化带来的不利影响。

相对于这种利用自然应对自然，利用自然自我平衡力量应对气候变化带来的不利影响的法治措施来说，第一种直接的自我限制性法治手段只能在一定范围内或时期展开。一些发达的省市可以率先开展并进行相应的法治实践。而对于广大不发达省份来说，采取利用自然应对气候变化的法治路径更能够为其经济和社会发展创造时间。因此，就我国应对气候变化立法而言，在手段选择上还是应当因地制宜，并且更多照顾到最广泛人群的生存和发展权利，而不能图与国际接轨，追求所谓的国际立法潮流。充分照顾欠发达地区尤其是依赖资源开发地区人民的生存和发展需要，是我国应对气候变化立法必须直面的现实问题。

第二章

生态修复："以自然应对自然"的
具体措施

生态修复将是人类切实应对气候变化的主要途径之一。它"密切联系"自然抗御力量与人类改造自然力量，将人类主动的创造力转化为自然恢复和重建的能力，最大限度发挥了自然消耗气候变化给人类带来不利因素的能力。目前生态修复的技术工程已经探索了许多成功模式，不论是三北防护林的兴建还是退耕还林工程的成功经验，抑或是土地复垦工作的广泛深入开展都从某种较为初级的方面体现了生态修复技术运用的力量。生态修复不仅仅改变了原有受损的生态环境，更从人类利用自然、融入自然的角度丰富了应对气候变化的途径。与限制人类活动的种种应对气候变化途径相比，这种模式是一个复杂、积极以及更具有生命力的新兴自然改造计划，不仅能够带来应对气候变化的效率和实际成果，更主要的是生态修复体现了自然与人以及人与人之间在生存权与发展权方面的分配正义价值。

第一节 生态修复及其概念明晰

生态修复在当前生态环境保护研究领域中占有重要的地位。然而，理论上生态修复同其他相近概念之间存在混用的现象，尤其是生态修复与生态恢复、土地复垦、生态重建等概念存在较大争议。不明晰生态修复的准确含义，以及在此基础上提出具有社会意义的生态修复概念，并将生态修复实现社会意义上的涵义统一，将无法继续进行生态修复制度的研究。因此，辨析相关概念是本书的关键内容。

一、生态修复概念诸说

对于生态修复而言，在我国研究中主要体现为形式最为复杂、概念最为不确定。有研究称之为生态恢复，也有研究称之为生态重建，更有研究直接将生态修复与土地复垦混为一谈。

（一）生态修复说

生态学领域的学者对生态修复的定义尚存在诸多争论。比较有代表性的观点如焦居仁将生态修复视做一种生态恢复的加速手段[1]周启星等则认为生态修复是针对已被污染的环境而言的，是一种污染环境的生态修复，该观点是将生态修复的前提限定在被污染的环境领域，尤其是人为的"建设项目的扰动和破坏"[2] 在法学领域，有学者在深入分析了修复的原意以及辨析了生态修复与生态恢复、生态重建以及土地复垦等概念之后得出法律定义："法律上的生态修复是指在人工主导下生态环境破坏方对生态环境本身予以修复，并且对由此带来的生态环境受损方环境权益以及生存和

---

〔1〕 焦居仁："生态修复的要点与思考"，载《中国水土保持》2003 年第 2 期。

〔2〕 周启星、魏树和、张倩茹：《生态修复》，中国环境科学出版社 2006 年版，第 1 页。

发展权予以赔偿和补偿的行为。"[1]

除了上述研究直接对生态修复理论进行讨论外，还有学者在研究水生态修复以及矿区生态修复等具体问题时对生态修复进行了理论分析，提出了一些概念解释。王治国在进行生态修复若干概念与问题的讨论中指出，生态修复是帮助整个生态系统恢复并对其进行管理的人类主动行为，资源枯竭矿区生态修复不仅包括生态系统的重建，还包括景观结构修复、生态过程修复、生态服务功能修复、人文生态修复和生态经济修复以及社会经济修复等各个方面，是调节人与自然、环境与经济发展的共轭生态修复。[2] 杨爱民、刘孝盈、李跃辉在研究水土保持生态修复的概念、分类与技术方法的过程中指出，生态修复是指"在特定的区域、流域内，依靠生态系统本身的自组织和自调控能力的单独作用，或依靠生态系统本身的自组织和自调控能力与人工调控能力的复合作用，使部分或完全受损的生态系统恢复到相对健康的状态"[3]。

综上可见，现有生态修复的研究主要体现了该概念的如下主要内容：其一，生态修复主要强调的是人在生态系统恢复和重建中的主导作用，体现人的主观能动性和其社会本质；其二，生态修复的手段是双重的，既包括了人为影响，也包括了自然的恢复，其中人为工作是自然恢复的加速手段和调控手段；其三，生态修复是一个复杂的自然过程，更是一个渐进的社会过程；其四，生态修复既包括对于生态系统平衡状态的恢复或重建，也包括了人类社会可持续发展能力或状态的恢复或重建。因此，不论生态修复的研究是源于哪个领域，生态修复的主要手段是人为的，其主要目的也是社会

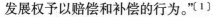

[1] 吴鹏："浅析生态修复的法律定义"，载《环境与可持续发展》2011年第3期。

[2] 王霖琳、胡振琪："资源枯竭矿区生态修复规划及其实例研究"，载《现代城市研究》2009年第7期。

[3] 杨爱民、刘孝盈、李跃辉："水土保持生态修复的概念、分类与技术方法"，载《中国水土保持》2005年第1期。

的。正因为如此，生态修复不应仅仅停留在其自然科学层面的理论探索，相反，更应该注重其经济促进效用和人类社会可持续发展实际结果。

（二）生态恢复说

可以说我国生态修复研究肇启于生态恢复问题研究。不论是生态重建还是生态修复都源自对生态恢复问题的不断研究和探索。目前国内生态恢复研究主要援引国际生态恢复学会（The Society for Ecological Restoration，简称为 SER）[1] 对生态恢复的三个定义："生态恢复是修复被人类损害的原生生态系统的多样性及动态的过程；生态恢复是维持生态系统健康及更新的过程；生态恢复是帮助研究生态整合性的恢复和管理过程的科学，生态整合性包括生物多样性、生态过程和结构、区域及历史情况、可持续的社会实践等广泛的范围。"[2] 国际生态恢复协会在其 2004 年刊登的生态恢复入门介绍中也给了生态恢复一个被认为是相当普遍和广义的定义："生态恢复是指协助已经退化、损害或者彻底破坏的生态系统回复到原来发展轨迹的过程。"[3] 生态恢复另一个较有代表性的定义是美国生态学会给予的定义："生态恢复就是人们有目的地把一个地方改建成明确的、固有的、历史上的生态系统的过程，这一过程的目的是竭力仿效那种特定生态系统的结构、功能、生物多样性及其

〔1〕也可以译为"生态修复协会"。对于 Ecological Restoration 本意的释译并不是一成不变的，作为译文应当选择更切合原有含义本身的词汇，或更应当选择适合中国国情发展的词汇作为其本质含义。

〔2〕L. L. Jackson, D. Lopoukine and D. Hillyard, "Ecological Restoration: A Definition and Comments", *Restoration Ecology*, 1995, 3（2），pp. 71~75.

〔3〕原文："Section 2. Definition of Ecological Restoration: Ecological restoration is the process of assisting the recovery of an ecosystem that has been degraded, damaged, or destroyed." 参见国际生态恢复协会网站，http://www.ser.org/content/ecological_ restoration_ primer. asp.

变迁的过程。"〔1〕国内也有学者提出了生态恢复的定义，焦居仁认为"生态恢复是指停止人为干扰，解除生态系统所承受的超负荷压力，依靠生态本身的自动适应、自组织和自调控能力，按生态系统自身规律演替，通过其休养生息的漫长过程，使生态系统向自然状态演化。恢复原有生态的功能和演变规律，完全可以依靠大自然本身的推进过程"〔2〕。

综上，可以总结出生态恢复的三个基本特征：其一，生态恢复是针对受损生态系统而言的；其二，生态恢复所针对的受损生态系统是人类扰动的结果，其受损根源在于人类自身；其三，生态恢复所要达到的目的是使受损生态系统恢复原有状态，这包括了"尽力仿效"原有生态系统的结构、特征以及维护原有的生物多样性等过程。可见生态恢复的重点在于恢复，强调的是原貌，并且承认其人为过程。但是国内在理解或运用生态恢复考察国内问题的过程中往往并非局限在上述三个特征，甚至无限扩大了生态恢复原有的研究范围和本质含义。

"最初对生态恢复目标的理解为受损状态恢复到未被损害前的完美状态的行为，它包括回到起始状态又包括完美和健康的含义，但是生态系统的原始状态很难确定，特别是极度退化的生态系统，而且在很多情况经济上也是不合理、不可行。因此，学者们对生态恢复的提法产生质疑。"〔3〕事实上在恢复生态学研究领域，关于生态恢复的研究越来越倾向于生态修复，再加上研究学者对恢复生态学社会属性的进一步认识和强调，原有的生态恢复概念已经逐渐发生质的变化，并且越来越强调使被恢复的生态系统成为健康、完整和可持续生态系统，生态恢复与生态修复在其目的性上也愈来愈

---

〔1〕 朱丽："关于生态恢复与生态修复的几点思考"，载《阴山学刊》2007年第1期。

〔2〕 焦居仁："生态修复的要点与思考"，载《中国水土保持》2003年第2期。

〔3〕 艾晓燕、徐广军："基于生态恢复与生态修复及其相关概念的分析"，载《黑龙江水利科技》2010年第3期。

一致。

(三) 生态重建说

生态重建与生态恢复一样是对于西方相关先进技术理念的引入。有学者在研究生态重建的科学涵义过程中详细分析了生态恢复与生态重建所起源的英文单词"ecological restoration",认为"根据restoration 的英文结构与科学涵义,应当译作'重建'较为合理。"[1] 而实际上这个词生态修复也在使用。以至于"The Society for Ecological Restoration (SER)"这个国际组织在中国到目前为止已经存在三种翻译:国际生态恢复协会、国际生态重建协会以及国际生态修复协会。可见不论是生态重建还是生态恢复,抑或是生态修复都是对国外词汇的理解翻译不同。生态修复专家焦居仁先生认为:"生态重建是对被破坏的生态系统进行规划、设计,建设生态工程,加强生态系统管理,维护和恢复其健康,创建和谐、高效的可持续发展环境。"[2] 在研究矿区生态重建的过程中,学者吉田也赞成将生态恢复更正为生态重建的提法,并认为"矿区生态重建是指在采矿后,岩石的堆积,露天开采形成的采空区,地下开采形成的塌陷区,破坏了原有的生态系统,通过人工覆土、植被等方式,按计划进行重建,需要可行的技术经济措施,最终重建一个符合实际的生态系统。"[3]

(四) 土地复垦说

我国土地复垦的研究开展较早,早在 1988 年我国《土地复垦规定》中就对土地复垦做了详细的法律定义:"土地复垦是指在生态建设过程中,因挖损、塌陷、压占等造成破坏的土地,采取整治措施,使其恢复到可利用的状态。"在我国学者的研究中也有学者

〔1〕 张新时:"关于生态重建和生态恢复的思辨及其科学涵义与发展途径",载《植物生态学报》2010 年第 1 期。

〔2〕 焦居仁:"生态修复的要点与思考",载《中国水土保持》2003 年第 2 期。

〔3〕 吉田:"我国矿山土地复垦及生态重建",载《辽宁科技学院学报》2011 年第 3 期。

认为土地复垦就是生态恢复或生态重建。但随着社会实践和理论研究的发展，这种观点已经逐渐被生态修复等较为准确合理的观点所取代。然而，在《土地复垦条例》出台以前，有学者在研究土地复垦的过程中仍然认为，土地复垦中的"复"包含的是修复、恢复和重建，而"垦"即是垦殖和利用。并且定义矿业土地复垦为：将采选生产建设活动（挖损、塌陷、压占）造成破坏的土地等，因地制宜，采取整治措施，恢复和提高生态功能达到可利用状态。[1] 从生态功能上来说，这与生态恢复的含义是相同的，但又有提高的意思在里面，与重建在一定程度上的内涵或目的是一致的。

我国 2011 年 2 月通过的《土地复垦条例》第 2 条规定："本条例所称土地复垦，是指对生产建设活动和自然灾害损毁的土地，采取整治措施，使其达到可供利用状态的活动。"该条是对我国土地复垦现状的准确描述，也是对学术研究领域中关于土地复垦概念的进一步明确。因此，法律意义上的土地复垦强调的是对受损土地的整治，它既包括了人为的也包括了自然而为的。这与生态恢复、生态重建以及生态修复概念下的生态系统的恢复、重建和修复有较大区别。后者明显强调的是整个生态系统。

（五）环境修复说

我国学者较少开展单独意义上的环境修复理论研究。在众多研究中多是以生态恢复这一整体概念出现，并且一些研究直接将环境修复仅仅局限在环境污染的修复中。胡振琪等在矿区生态修复过程中就将生态修复结合在一个概念下，认为："矿区生态修复是对各种因采矿造成的生态破坏和环境污染的区域因地制宜地采取治理措施，使其恢复到期望状态的活动或过程，其目的是保证在开采矿产资源的同时，又保护区域生态环境。"[2] 这里显然环境修复对应的

---

〔1〕 沈渭寿、曹学章、金燕：《矿区生态破坏与生态重建》，中国环境科学出版社2004 年版，第 174 页。

〔2〕 胡振琪、杨秀红、鲍燕等："论矿区生态环境修复"，载《科技导报》2005 年第 1 期。

是环境污染区域的治理措施。也有环境法学者对环境修复进行了一定阐述，如李挚萍教授就认为"对环境损害的救济不是传统的损害赔偿机制能够解决的，应该采取切实可行的措施对受到损害的生态系统的功能和结构进行修复，对受到破坏的生态系统内外关系进行恢复。"同时她还指出"环境修复制度的目的不仅在于修复受到损害的生态环境的结构、功能，而且还应着眼于修复已经恶化的人与自然、人与人之间的关系，为建立和谐社会提供制度保障。"[1] 这种观念已经与现有的生态修复理论有了较大的共同特征和理解视角。但是在究竟如何看待"环境"与"生态"问题上还是存在一定争议。其文认为"'环境损害'又称'生态损害'"，并且在理解环境修复及其制度建设过程中多次将"生态修复"概念与"生态恢复"概念囊括于内，实则有悖"环境"与"生态"乃至"生态系统"三者正确内涵。这种理解，本书认为其难以深刻把握生态修复的真正内涵，也难以建立符合生态修复要求的正当制度。但其关于环境修复自然与社会功能的双重理解是生态修复研究的范畴，因此如果不将环境修复作为生态修复概念的替代者，而单独作为另一种制度甚至是生态修复下位制度研究来说，上述观点支持下的制度建设有其社会意义和价值。

二、生态修复含义辨析

可以说，概念的混乱是造成生态修复研究不能深入的重要原因。厘清生态修复的概念是研究生态修复理论的前提和基础。必须严格区分生态恢复、生态重建以及土地复垦与环境修复，充分辨析其存在的本质不同。

（一）生态恢复与生态修复

生态恢复与生态修复概念的混用是当前理论研究过程中存在的一个重要问题。从来源上来说，生态恢复确是生态修复的本源，生态修复是对生态恢复深入研究和认识的最新成果。但是生态修复与

---

〔1〕 李挚萍："环境修复法律制度探析"，载《法学评论》2013 年第 2 期。

生态恢复有着很大区别。这些区别主要体现在以下几个方面：

1. 语义区别

"修复"不同于"恢复"，这两个概念来源于环境生态学中一个重要研究领域——恢复生态学。对于这两个概念目前环境生态学者已经进行了较为明确的区分，并更倾向于使用修复。生态恢复的研究源自国外相关研究成果，对于词汇的运用也是对相关外文词汇的翻译。因此，区分"修复"与"恢复"可以从其英文原意入手。"恢复"的英文单词为 recovery，而"修复"常用 restoration 或 remediation 表示，restoration 的英文含义是《韦氏第三版新国际英语词典》（*Webster's Third New International Dictionary of the English Language*，1976 年版）的 9 个释义中的 1 个："a putting back into an unimpaired or much improved condition"。在其 1981 年版中的一个释义是："the act of restoring, state or condition of being restored, *replacement*, *renewal*, *reestablishment*"。《牛津英语词典》（*The Oxford English Dictionary*）对 restoration 的动词 restore 的 9 个释义中的 6 个都远不仅限于"回复到原来的状况"，而是要有所改善。并且在所有的解释中都没有用"恢复"（recover 或 recovery）这个词。[1] 可见生态恢复从引入国内研究伊始就存在词源翻译的问题，但这个问题并没有引起人们的广泛注意，只是随着研究的深入才开始逐步认识到"恢复"并不能明确解释"restoration"这个词的原有内涵。

从中文词义理解来看，恢复与修复存在很大差异。我国《现代汉语词典》中解释"修复"为："修理使恢复完整"。"从单个字面意思来看，修本身就有'复、修整'的意思，而复则是指'返、使如前'。因此从修复中文含义来看，修复应是一个使恢复如前，并加以修整的过程，而《现代汉语词典》中'恢复'指'变成原来的样子'或'使变成原来的样子'。可见恢复仅仅强调的是回到

〔1〕 张新时："关于生态重建和生态恢复的思辨及其科学涵义与发展途径"，载《植物生态学报》2010 年第 1 期。

原有状态，不包括对其的修整。"[1] 而修复更强调人类对受损生态系统的重建和改进，强调人对自然的改造能力。并且从生态学的角度看，修复是一个包含恢复的过程，不仅强调恢复的意义也注重恢复后的修整。"修复"更具有现实意义和实践意义。

2. 社会属性区别

从社会意义来看，修复明显有休养生息、修整之意，生态修复的社会发展意义远大于生态恢复一词。[2] 这里需要简要说明的是伦理学的发展使得人们在认识和对待生态环境的过程中更加强调关爱社会及生态环境本身。社会的发展不仅仅是强调人类物质与精神文明的进步，也包含了更加关注对人类赖以生存的生态环境的保护。但是无论如何人是第一位的，我们是为了人的发展去保护生态环境，而不仅仅是为了更高的虚无缥缈的理想——保护地球。也就是说人类为生态环境要做的以及做到的都是在为人类社会自身的发展着想，这是最实际也是最本质的目的。当然，我们宣传着"为了地球"，为了"生命"，但最根本的目的都是人类自身的延续。实际上我们应当深刻认识到，人绝不能扮演救世主的角色，并且人类成不了世界万物的救世主。因此，我们没有资格也没有能力真正去保卫这个，保护那个。我们可以做到的仅仅是保卫我们自己，克制我们自己，我们只能做人类自己的救世主，仅此而已。由此可见，生态环境保护的社会意义和本质目的仅在于促进人类社会、经济的发展。发展是向前的动态过程，而不是止步不前。但生态恢复不仅不能够有效保障生态环境的整体性，也不能实现对于社会进步的实质推动。而且到头来这种初级的恢复行为耗费人力、物力换来的仅仅是原有一切，甚至难以恢复原有的生态环境，从而失去其应有的社会发展意义。

〔1〕 吴鹏："浅析生态修复的法律定义"，载《环境与可持续发展》2011 年第 3 期。

〔2〕 吴鹏："浅析生态修复的法律定义"，载《环境与可持续发展》2011 年第 3 期。

生态修复则在生态恢复基础上，同时强调对原有生态环境的修整，强调生态环境的进一步改良和生态环境的全面改善，有利于生态环境与人类社会的和谐发展。从上述对生态恢复与生态修复的定义来看，生态恢复仅仅是强调自然自身的恢复，人类的作用主要在于不再损害和扰动；但是生态修复截然不同，它强调的不仅是人类不再损害，更强调的是人类应当采取包括生物技术、环境技术等手段加以有效干预，促进生态环境朝着有利于社会和经济可持续发展的角度有所改善。虽然二者都要求人类施加一定的干预但其干预程度是不同的。生态恢复要求人们的干预度有限，仅仅要求能够使得自然启动其自我恢复能力；而生态修复要求人类采取必要的各种措施在促进生态恢复的基础上，进一步改善生态环境使其有利于社会的可持续发展。因此，在使得生态环境向有利于人类社会可持续发展的方式上，生态恢复与生态修复运用的时机和过程是不相同的。

综上可见，从社会发展的过程来看，生态恢复是生态修复的必经阶段，也是生态修复的重要发展过程。生态修复是生态恢复所要达到的最终结果，也是生态恢复实现其社会价值的实际出路。就此而言，生态恢复则已经成为生态修复的一个重要的步骤，生态修复的概念中理应包含生态恢复的含义。

（二）生态重建与生态修复

生态重建与生态修复的概念区别明显。正如生态修复研究专家焦居仁先生所说的那样："修复与恢复是有区别的，更不同于生态重建。生态修复的提出，就是要调整生态重建思路，摆正人与自然的关系，以自然演化为主，进行人为引导，加速自然演替过程，遏制生态系统的进一步退化，加速恢复地表植被覆盖，防治水土流失。"[1] 也就是说我国学者主流观点还是严格区分生态重建和生态修复概念的，并且普遍认为生态重建不是生态恢复。

本书也认为，修复与重建存在本质的区别。从其词义本身的含

---

〔1〕 焦居仁："生态修复的要点与思考"，载《中国水土保持》2003年第2期。

义理解来看，“重”是“再”的意思，“建”则是指“建筑、设立”的意思，“重建”的字义理解应当是“再次建设、建立或组建”。“重”在该词义中可做重新解释，本意就为“再一次，从头另行开始”。[1] 因此，“重建”应解释为重新建设或建立，生态重建则是指生态环境的重新建立和重新组建。“可见生态重建从汉语原意的角度来看即是以原有的生态环境为主要参照物，所要实现的可以是两个层次的内容：一是重新建立原有的生态环境，而不加以改善和修整；二是抛弃原有的生态环境建立新的生态环境。如果是后者，又可以理解为两个方面的含义，亦即一方面，可以使新建的生态环境优于原有的生态环境，使之更适合人类的生产与可持续发展，这与生态修复的本质含义是有相同之处的；另一方面则仅仅是重新建立原有的生态环境。可见适用生态重建一词本身就欠周全的考虑，会带来理解上的歧义。”[2]

（三）土地复垦与生态修复

当前，实践中土地复垦是最常采用的生态恢复措施。这一点容易被人误解为土地复垦就是生态恢复，甚至就是生态修复，三者没有区别。而实际上从土地复垦的概念与生态修复的含义比较来说，土地复垦是生态修复众多手段之一，同时它也是生态恢复的重要步骤之一。土地复垦与生态修复的概念区别是显而易见的，法律条文和上述对生态修复的理解中已经有较明确的区分。但是有学者认为“土地复垦不仅是土地问题，也是环境问题，是达到生态重建目的的人类改造措施之一；生态重建涵盖土地复垦的内容，是土地复垦的核心和目标；生态意义的复垦才是土地复垦的最终目的；土地复

----

〔1〕《现代汉语词典》（第5版）相关解释，参见中国社会科学院语言研究所词典编辑室编：《现代汉语词典》（第5版），商务印书馆2005年版。

〔2〕 生态重建与生态修复就不是一个概念，笔者多次阐述，相关文章如“浅析生态修复的法律定义”，载《环境与可持续发展》2011年第3期，这里就不再赘述了。

垦的实质是既恢复土地资源，又重建生态平衡。"[1] 这显然背离了土地复垦的基本内涵，无限扩展了土地复垦的作用和目的。甚至上述研究提到有学者将土地复垦中的"复"理解为包含了修复、恢复和重建，这是根本违背汉语本身含义及相关概念语境差异的，不利于理论研究的准确开展。这里必须承认当前土地复垦的研究已经较为成熟，土地复垦的制度也较为健全，但是必须明确生态修复不是土地复垦，二者存在本质的差别。

首先，二者语意不同，涵义不同。土地复垦从中文字面意义可见与生态修复具有天壤之别，土地只不过是生态环境中一种重要的环境要素，是人类生存和发展依赖的重要生态环境条件之一。但是生态包括了人类和自然多个方面的含义，显然是土地的上位概念。从这种意义上来说，在研究过程中我们应当尊重我们自己汉语的使用习惯，无限等同二者将带来极大研究混乱和障碍。此外，复垦不是修复。虽然复垦有恢复原有状态的含义，但垦殖如何能够理解为休整（修整）呢？显然这是对复垦原意的曲解。

其次，二者过程不同。我国的《土地复垦条例》第 2 条规定："本条例所称土地复垦，是指对生产建设活动和自然灾害损毁的土地，采取整治措施，使其达到可供利用状态的活动。"可见我国法律中将土地复垦理解为一种整治使可利用的过程，这一过程包含两个层次的行为：一是整治；另一个则是使土地可利用。这里整治并不能完全涵盖修复的全部含义。上述研究也提到，修复是一种恢复并修整的过程，这一过程包含了三个层次：一是通过人为的或自然的作用使受损的生态环境恢复其可利用状态；二是在生态环境可利用状态逐步恢复基础上使其加以休整，并创造休养生息的条件；三是体现其社会发展意义的，即通过改良和修整，使修复后的生态环境更能够适宜人的生存和发展。修复本身包含了一个由过去向现代

---

〔1〕 马文明："矿区沉陷地复垦与生态重建研究"，载《水土保持通报》2008 年第 1 期。

以及未来发展的社会过程，这是复垦无论如何也无法包括的意义，因为它强调的是"复"，这就局限了其能够达到目标的程度。

最后，对象不同，目的不同。《土地复垦条例》第10条明确规定："下列损毁土地由土地复垦义务人负责复垦：①露天采矿、烧制砖瓦、挖沙取土等地表挖掘所损毁的土地；②地下采矿等造成地表塌陷的土地；③堆放采矿剥离物、废石、矿渣、粉煤灰等固体废弃物压占的土地；④能源、交通、水利等基础设施建设和其他生产建设活动临时占用所损毁的土地。"这实际上明确了土地复垦的范围，它包括建设用土地、采矿等生产活动占用或损毁的土地等。再结合《土地复垦条例》中对土地复垦下的定义可见，土地复垦的对象仅仅是土地本身，其目的也仅仅是恢复土地的可利用状态。显见，生态完全不同于土地，生态修复的对象在于整个生态系统而不仅仅是土地。从生态修复的目的来看，它也不仅仅是为了恢复土地的可利用状态。生态修复的目的从本质上来说是为了通过生态环境的恢复和改善，进而改良使其有利于社会的发展。虽然《土地复垦条例》第1条中明确说明："为了落实十分珍惜、合理利用土地和切实保护耕地的基本国策，规范土地复垦活动，加强土地复垦管理，提高土地利用的社会效益、经济效益和生态效益，根据《中华人民共和国土地管理法》，制定本条例。"这里也提到了社会效益和经济效益，使得土地复垦具有社会意义，但这是该条例制定的目的，而不是土地复垦本身能够达到的目的。

综上可见，土地复垦完全不同于生态修复，从过程上来看，土地复垦仅仅只能是生态恢复以及生态修复的一个具体实施步骤；从对象和目的上来看，生态修复无论在对象范围还是目的上都比土地复垦要广。因此，土地复垦不能理解为生态修复，混用二者或将二者等同看待都是错误的。

（四）环境修复与生态修复

不论是环境还是生态都直接决定了修复的对象、方式和过程。修复的对象不同，修复的方式和过程当然也有所区别。但对象范围的确定是二者区别的关键。因此，区别环境修复与生态修复主要是区别环境与生态的含义。

环境修复简言之是被污染环境的修复。这里需要说明的是污染环境与环境污染经常被混用，但二者是完全不同的两个概念。"污染环境是指被污染了的环境，其内在含义是经过量化指标或其他评估方法评价之后，确认环境已经受到了污染。而环境污染则是指有害物质或有害因子输入大气、水和土壤等环境介质，并在这些环境介质中扩散、迁移和转化，使生态系统的结构与功能发生变化，对人类或者其他生物的正常生存和发展产生不利影响的现象。"[1] 前者明显是一种结果，而后者是一种现象或过程。正如前面所讨论到的，有学者将生态修复看做是被污染环境的修复，甚至将其看做是"环境修复"的下位概念。这里让人不能理解的是，为什么明明修复的对象是被污染的环境却定以生态这一词汇？显然污染环境与生态有着很大区别。

环境与生态不论是在构词上还是在实际学术研究中都存在本质的不同。环境学学者认为："环境是指与体系有关的周围客观事物的总和，对于环境学来说，中心事物是人类，环境是以人类为主体，与人类密切相关的外部世界，即人类生存、繁衍所必需的、相适应的环境。人类生存环境是庞大而复杂的多级大系统，包括自然环境与社会环境两大部分。自然环境就是直接或间接影响到人类的一切自然形成的物质、能量和自然现象的总体。有时简称为环境。"[2] 我们通常意义上的污染环境或环境污染就是指这个环境。我国环境资源法学研究领域也给环境下了相应的定义。《环境保护法》（1989 年）第 2 条规定："本法所称环境，是指影响人类生存和发展的各种天然的和经过人工改造的自然因素的总体，包括大

〔1〕 周启星、魏树和、张倩茹等编著：《生态修复》，中国环境科学出版社 2006 年版，第 2 页。

〔2〕 陈英旭主编：《环境学》，中国环境科学出版社 2001 年版，第 2~3 页。

气、水、海洋、土地、矿藏、森林、草原、野生生物、自然遗迹、人文遗迹、自然保护区、风景名胜区、城市和乡村等。"环境资源法学者王灿发教授将这种定义称为混合式定义，并认为混合式定义克服了其他定义方式的不足，"因而是给环境下定义的一个比较好的方式"[1]。这种定义也为多数环境资源法学者所接受，已经成为环境资源法学领域对于环境的通说解释。而生态系统的概念不仅如此。按照环境科学的理解可以包括环境。《中国大百科全书》环境科学卷给生态系统下了这样的定义：生态系统"是指在一定时间和空间内，生物与其生存环境以及生物与生物之间相互作用，彼此通过物质循环、能量流动和信息交换，形成的不可分割的自然整体。"[2] 可见生态系统包括了我们通说的环境条件。

因此，从词义表达的内涵范围来看，生态系统包括了环境与生态两个概念。但不论是环境还是生态抑或生态系统，三者含义也是不尽相同的，不能够混淆使用，所以生态修复与环境修复存在本质区别。如果从涵义理解，似乎环境修复只不过是生态修复的一个重要组成部分而已。但这里又产生了一个问题，即生态修复中生态如何理解。有研究认为："生态是生物的状态、动态和势态，是指某一生物（系统）与其环境或与其他生物之间的相对状态或相互关系。"[3] 可见，与环境强调客体相区别，生态强调的是客体与主体的关系，不能简单地将环境包含于生态中。而生态修复是对生态系统的修复，故不能称为生态环境修复。[4]

（五）生态修复概念界定

上文重点分析了生态修复、生态恢复、生态重建、环境修复与

---

〔1〕 王灿发：《环境资源法学教程》，中国政法大学出版社 1997 年版，第 1 页。

〔2〕 《中国大百科全书·环境科学》，中国大百科全书出版社 2002 年版，第 328 页。

〔3〕 陈英旭主编：《环境学》，中国环境科学出版社 2001 年版，第 24 页。

〔4〕 王治国："关于生态修复若干概念与问题的讨论"，载《中国水土保持》2003 年第 10 期。

土地复垦的主要区别。但并不能由此获得生态修复的正确含义。这里有必要先就上述分析进行一定总结。就概念分析而言，前述五个概念既相互区别也有一定联系，五者之间相互交织。（见图1）

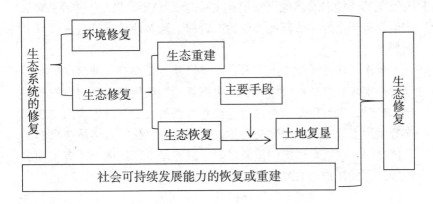

图1　社会意义上的生态修复含义构成

本书所指生态修复并不是生态的与环境的修复的简单相合，也不是环境学或生态学意义上生态环境的修复，而是社会意义上的生态系统平衡状态的全面修复。它包括了生态的修复与环境的修复，并且它的目的是在于最终实现社会可持续发展能力的恢复或重建。这就要求一方面要使得受损的生态和环境能够获得自身的修复，另一方面要实现促进社会经济发展的相应制度的有效运行。因此，生态修复主要应当包括以下几点内容：

首先，生态修复是通过生态系统的全面修复实现生态和环境自身的全面修复。生态中所包含的环境与环境学上的环境是不同的概念，前者是相对于其主体而言的。就人类社会而言，这个环境仅限于人类自身相对应的外在环境，而环境学上的环境是指以人类为核心的所有自然环境，显然后者的范围要大于前者。具体而言，前者局限于人以外的环境，而后者包括了整个人类社会生存和发展环境以及人之外的其他环境在内。此外，具有社会意义上生态系统的破坏既包括了生态的破坏和环境的污染，即生物主体（主要是人类）与其环境或其他生物之间合理的、平衡的相互作用关系的破坏，也包括了人类生存环境的污染或质量的降低。因此生态修复既包括了人类与其环境以及其他生物相互关系的恢复或重建，也包括了对人类生存范围之外自然环境污染的减轻或消除并使其有社会进步意义的提高。

其次，在发展意义上来看，生态修复是要通过一种制度的有效运行来实现社会的可持续发展。生态修复不仅仅是人类对自然的回报和自赎，也更应是人类社会进步和发展的过程。过去，人类强调充分运用主观能动性去改变自然，但严重地忽视了人类适应自然的整体过程。改造是适应的重要过程，但不是全部。适应既有主动的改造，也包括被动的顺从。这个顺从就是在人的主观能动改造能力支持下，服从自然原有发展规律的行为和思想观念。换句话说就是人类在向自然索取的同时也应当回报和保护自然，让自然"休养生息"。这应是人类获取自然资源获得发展的两个基本形态。索取和回报不一定是等量的，但应当尽人类能力而为做到等量。

最后，就实现人类社会的正义而言，生态修复所要达到的社会结果就是实现生态修复地区社会资源合理分配和发展机遇上的公平合理。这就需要通过法治统领下生态修复制度的有效运作来实现：一方面制度的有效运作是社会人相互关系作用的过程；另一方面法治运作既是有效均衡人们相互关系的工具，也是制度有效运作的保障。生态修复制度的运行必须在法治的监控下进行，唯如此才能实现正义和秩序。

综上可见，生态修复就是一种人类通过修复的技术手段来修复受损的生态系统平衡，并通过社会资源合理分配和公平合理其发展机遇来实现人类社会可持续发展的过程。生态修复作用于社会发展的重要形态就是法治完善状态下生态修复制度的有效运作。

（六）生态修复的法律概念

法律概念是法不可或缺的构成要素之一。法律概念的基础是社会日常生活中的概念，但二者显然并不相同。"法律概念与日常生活用语中的概念相比较，通常具有明确的定义和应用范围……法律概念最大的作用与价值也在于统一了人们对某些概念的认识，以此避免了在法律运行中不必要的争论与混淆，从而促进了法的运行的效率性与正确性。"[1] 因此，法律概念的界定应当具有权威性，这是其区别于日常生活概念的重要标志；此外法律概念还应当具有确定性等特点。生态修复作为一种技术手段，最终作用于社会是要通过法治完善前提下的制度建设来实现的。而研究其法治建设必然要明确其法律概念，因此要对生态修复的法律概念进行明确界定。

首先，上述对于生态修复理论的研究是生态修复法律概念界定的社会生活基础。但是生态修复不应当局限在其技术概念上，而应当高于它，从而形成法律概念。其次，上文已经在诸多概念的定义辨析基础上，从社会属性的角度构建了生态修复的定义。这一定义已经为其法律概念的界定奠定了基础。再次，法在生态修复制度构建中的作用决定了生态修复法律概念的界定方向。法的作用一般应当包括规范作用和社会作用，具体来说法有告示、指引、评价、预测、教育和强制以及精神文明促进和政治文明促进等作用。生态修复制度运作中法的作用也应当包括了这些内容，但需要强调的是生态修复的目的在于促进社会分配的公平与合理，以及生态修复秩序的维护，因此生态修复法律概念的确定更应当体现法在生态修复中的指引、教育和强制作用：一方面要体现其社会激励作用；另一方面要实现法对分配正义的追求。最后，法律概念还应当体现生态修复法律关系，即在生态修复过程中人与人之间的权利、义务关系。

综上而言，法律意义上的生态修复就是一种生态修复主体通过生态修复和环境修复手段来修复受损的生态系统，并通过赔偿或补偿受损方物质利益损失的方式实现分配正义，以及在国家激励政策

---

〔1〕 张国妮："论在法的运行中法律概念的界定"，载《社科纵横》2012年第3期。

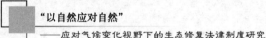

下实现社会可持续发展的所有行为和过程的总称。用简短的语言表达生态修复就是指：人们修复生态系统平衡及实现社会分配正义的过程。这在下文将通过对现有实践的考察进行具体分析。

第二节 生态修复是应对气候变化的主要措施

气候变化现象是自地球产生之日便一并俱存的自然现象，这种现象之所以在 20 世纪以来的人类社会中日益受到重视，是因为它对人类社会本身产生的或可能产生的现实影响。也就是说我们通常所说的应对气候变化中的"气候变化"主要是指人类活动引起的气候变化。正如《气候变化框架公约》第 1 条规定的那样："气候变化"指除在类似时期内所观测的气候的自然变异之外，由于直接或间接的人类活动改变了地球大气的组成造成的气候变化。由此，人类的发展进程受到前所未有的怀疑，这种怀疑主要体现在对人类与生态环境关系的反思和批判中。我们应对气候变化，也主要是基于这种反思与批判思想对人类发展方式的重新审视。但是应对气候变化同其他经济的、政治的或者是法律的活动一样，都应当具备人类实践的现实载体，也就是应对气候变化的具体实施措施，这种措施应当包括对于生态环境及其影响下人类社会的某种促进和改变。生态修复的内容和目的明确了其对人类社会促进及生态环境的改善，而这种促进与改善在某种程度上与应对气候变化的目的是契合的，也使其能够成为应对气候变化的重要措施之一。

一、生态修复成为应对气候变化重要措施的必然性

（一）生态修复是应对气候变化的国内实践载体

当前应对气候变化理论所依据的气候变化科学事实主要包括以下几个方面："一是 1860 年以来全球平均温度的升高，特别是 20 世纪以来北半球温度增幅是 1000 年中最高的；二是近百年来降水分布的变化，大陆地区尤其是中高纬度地区降水增加，非洲等地降水减少，有些地区极端天气气候事件频发；三是气候变暖后引起的全球海平面的上升；四是大气温室气体浓度明显增加，并且工业化以来增加数可能是42万年中的最高值；五是近50年的温度变化，很可能主要是人类活动排放的温室气体造成的。并且由此得出结论，近百年来地球气候正经历一次以全球气候变暖为主要特征的显著变化，这种变暖是由自然的气候波动和人类活动共同引起的。但是近50年的气候变化，很可能主要是人类活动造成的。"[1] 由此可见，现代应对气候变化理论的立论基础在于气候变化很可能是人类活动引起的这么一个科学研究事实。那么既然人是气候变化，或者说是近50年来气候变化的"罪魁祸首"，人类作为应对气候变化主体的措施也就具有人类社会实践的意义。同时，实践既然是人类理性活动的过程，那么它也就为人类应对气候变化活动提供了实施载体。正如信息技术理论把载体作为传播信息的某种媒介来解释一样，这里应对气候变化的实践载体也就是人类将自身各种应对措施转化为传播人类实现社会可持续发展需求的媒介。这种媒介传达了人类社会持续进步的渴望，同时传递了人类改造自然、适应自然的力量。

根据我国2011年11月发布的《中国应对气候变化的政策与行动（2011）》白皮书的内容可以看出，在我国应对气候变化的实践行为主要包括了：减缓气候变化、适应气候变化、基础能力建设、全社会参与、参与国际谈判、加强国际合作六个最重要方面的措施，其中减缓和适应气候变化的措施又是重中之重，也是我国应对气候变化措施的最主要方面。具体而言减缓和适应气候变化又包括了节约能源、发展低碳经济、增加碳汇、控制温室气体排放等。这些措施和手段既包括了经济方面的手段也包括了政治和法律方面的手段，此外还有生态环境技术方面的手段等，可以说应对气候变化

---

〔1〕 杨兴：《〈气候变化框架公约〉研究——国际法与比较法的视角》，中国法制出版社2007年版，第2~3页。

就是一个由生态的、环境的综合治理到社会经济、政治、法治促进建设的统一过程。这一过程就是应对气候变化的实践载体。但是即使是这种情况下，所谓减缓和适应气候变化的措施都还是较为宏观的。毕竟实践载体对于社会实践的框架设计而言还是可以为人们所直观感受和控制的。这就是说以生态环境技术为手段的实践载体必须细化到一种具体的方面，例如要增加碳汇就要实施植树造林工程，制定并实施森林碳汇制度等。然而，以生态环境的综合治理为手段的社会、经济、法治建设应当是有效的和必须的，即这些手段执行的目的和效果是能够使得引起气候变化的因素得以缓解或消除。应对气候变化具体措施选择的关键也正在于此。但是值得注意的是在应对气候变化研究的过程中，许多观点是尚存争议的，其中就包括了引起气候变化的因素（本书的研究目的不在于此，因此不再将其展开论述）。引起气候变化的因素主要是两个方面：一是生态系统本身的因素；二是社会因素，或者说是国际社会因素。生态系统本身的因素是显而易见的，人类的活动或多或少地影响到了生态系统本身，使得生态系统受到损害，这种损害加剧了气候变化的速度或力度，使得其不利于现代人类的生存和发展，这一点应当说是取得了共识的。而生态修复的目的就是在于使生态系统得以恢复原有的均衡状态，生态修复的目的与气候变化因素的缓解或消除的要求相吻合，在这种情况下生态修复就成为应对气候变化的重要措施。

（二）生态修复是国家应对气候变化能力的体现

人类之所以要应对气候变化，最本质的原因还是社会因素，国家间利益的博弈是这个社会因素的集中表现。从社会发展阶段来看，应对气候变化的国际政治斗争，不过是国家间转嫁资源争夺和生存空间争夺利益博弈激化的集中表现。某些主要发达国家倡导应对气候变化国际合作，又消极对待国际合作的表现是最好的例证。可以说应对气候变化的过程既是新兴国家与旧的国家发展与生存空间争夺的过程，也是不同人类集团转嫁不利发展因素的复杂过程。

许多情况下气候变化的应对可能仅仅是某些国家内部的事情，或者说在一定历史和发展时期内是一些国家内部的发展战略的问题，它既涉及国际政治经济因素，也涉及社会经济发展的能力，归根结底是一个涉及国家综合国力及国际政治经济秩序的问题。一国生态的、环境的条件是这个国家存在和发展的资本，也是这个地域范围内的人类群体——民族生存和发展的基础。处理好这个国家内部的生态环境问题就是在解决该国内部最大的政治、经济问题，也就是在增强这个国家应对气候变化影响的能力。那么为什么一国的生态环境问题处理好坏能够直接影响到这个国家抵御气候变化不利影响的能力呢？

首先，这是由生态系统的一个重要特征决定的。现代环境生态学认为，"生态系统的重要特点之一，就是在无强干扰的条件下能不断地自我完善，即进展演替（progressive succession），亦称正向演替，如物种的增加、生产力的不断提高、系统稳定性的增强等。所以，正常生态系统是生物群落与自然环境能力实现动态平衡的自我维持系统，各种组分的发展变化是按照一定的规律、在某一平衡点表现一定范围的波动，呈现出一种动态的平衡。"[1]一旦打破这种平衡带来的即是生态系统受损的结果。也就是说生态系统受损将直接影响到生产力发展与自然生态环境间的固有平衡基础，这就把一国范围的政治经济的发展与生态系统的修复紧密结合在一起了。

其次，虽然对于引起气候变化因素以及应对气候变化的实质是什么，存在这样或那样的争议，但有一点是有共识的，即人类对生态环境的改变或破坏，甚至是损害加剧了人类在应对气候变化中的不确定性和紧迫性。正是人类对于生态环境的不利影响使得气候变化过程中人类处于一个尴尬的境地，即人类不得不在生存和发展中寻找二者的平衡点，但不是在二者中做出取舍。通俗点说就是人们选择发展多一点就必须承受更多气候变化带来的不利于人类生存的

---

〔1〕 盛连喜主编：《环境生态学导论》，高等教育出版社 2002 年版，第 234 页。

影响。许多情况下，地球生态系统可以通过自身调节降低甚至消除这些不利影响，但是这种降低和消除都需要时间或者是一定的物质条件，即地球生态系统的自我维持能力。生态系统维持能力是人类的天然盟友，但当人类的发展使得这种能力明显不足时，生态系统的动态平衡就会被打破，那么地球生态系统帮助人类抵御气候变化的能力就会降低。而这种降低迫使人类不得不通过自身努力弥补这种不足，这就使得人类在很多情况下不得不使用更多的物质手段和精力去独自应对气候变化。

由此可见，一个民族、一个国家要想增强应对气候变化的能力就必须在自身发展中取得社会经济发展与生态系统的平衡，而取得平衡的手段就是通过修复受损的生态系统即生态修复来重新加强地球的自我维持能力。取得天然盟友的支持，这个民族和国家在应对气候变化的实践中才能获得主动。因此，生态修复作为应对气候变化重要措施的地位是天然的也是符合自然规律的。

二、生态修复是应对气候变化的具体实践措施

应对气候变化的途径是广泛的，但是根据"人为二氧化碳因素"支持者的看法，低碳经济、清洁能源、节能减排、碳封存、森林碳汇等一切与二氧化碳减少相关的行为都是应对气候变化的主要途径。姑且不争论，即使是接受了这种以自我限制为主的碳行动计划、退耕还林、限制森林砍伐、增加森林覆盖率的林业项目在减少二氧化碳的同时也是实践意义上的生态修复计划。这就是说不论采纳何种气候变化因素的观点，以生态修复作为具体措施的实践都是应对气候变化的主要途径之一。

（一）生态修复是应对气候变化多种措施的现实归宿

无论信奉何种气候变化的因素，应对气候变化的措施都离不开人类积极行为的开展。无论人类在气候变化中是否是决定性因素，都具有不可推卸的积极义务。这种义务一方面是要实现自然吸收温室气体能力的显著增强，另一方面更主要的是要减轻因气候变化带来的不利影响。目前为止，人类应对气候变化的措施不外乎温室气体排放的限制、森林碳汇项目以及国际合作等。但是这些手段在实施过程中都是要有具体的措施载体的。例如要实现温室气体排放限制，就必须节能减排、发展低碳经济等；要实现森林碳汇就必须扩大森林覆盖率等。当然节能减排、发展低碳经济以及森林覆盖率的增加都有许多种途径，但是相对而言，利用自然自身力量则是一个既经济又实惠的选择。而生态修复恰恰加强了人利用自然自身力量的现实可能性。

首先，生态修复在理论上逐渐丰富，能够指导人们运用自然力量创造有利人类生存和发展的气候环境。生态修复理论已经从单一的纯自然学科的理论研究，发展到与管理、经济和法学领域研究并存的多学科、多领域研究模式。生态修复在多种领域理论研究成果的指导下，已经形成从技术应用到制度构建的完整理论体系，生态修复完整理念指导下的社会实践成果日益显现。正如上述生态修复理论分析得出的结论那样，生态修复实践不仅从生态系统平衡恢复和重建的角度，实现生态环境有利于人类生存和发展的改善，更从社会可持续发展能力的角度，通过制度构建，保障人类基本的生存权和发展权。这正是应对气候变化过程中急需解决的两个最现实的问题。利用自然形成有利于人类生存和发展的气候环境是应对气候变化的一项现实任务，这一任务离不开生态修复相关理论的指导。

其次，生态修复在技术上日趋成熟，能为生态系统平衡的恢复和重建创造有利条件。应对气候变化要靠限制人类自身的活动，最大限度平衡受损的生态系统使之能够为应对气候变化出力，这是一种较为现实的逻辑。生态修复在技术上不仅包括了生物的修复，即利用生物自身的生长规律和自然条件，达到恢复或重建生态系统功能的效果，使得受损的生态系统平衡得以恢复甚至是改善性地重建，还包括了利用物理或化学技术加速自然的自我净化速度，减轻人为污染物危害力度等。人类可以利用这些技术改善自身的生存和发展环境，达到可持续发展的效果。例如水土保持工程的开展不仅有利于扩大森林等植被覆盖率，还起到了改善农业生产环境的效果，生态修复中生物修复技术和理念的应用功不可没；又如科学家对海洋生物圈进行一定程度的改造，使其更好地吸收二氧化碳，为应对气候变化提供了新的希望；再如矿产资源开发过程中带来的土壤污染修复以及矿区大气污染防治等。生态修复技术的发展和应用为人类利用自然抵御气候变化提供了实践的可能性。

（二）碳捕捉与封存是生态修复理念的具体实践运用

如果认定二氧化碳是气候变化的罪魁祸首的话，那么实行碳系统管理将是气候变化的必然选择。目前碳系统管理的模式主要有三种：一是陆上封存；二是从大型点源中捕捉；三是海洋封存与捕捉。其中陆上的碳封存就是通过扩大陆地上生物区域来提高二氧化碳的吸收能力，这包括了扩大植被覆盖率等方式；而海洋封存与捕捉技术包括：将陆地人类工业产生的二氧化碳以液态形式注入海底，以及通过投放养分为海洋"增肥"从而利用海洋生态系统的壮大吸收并封存二氧化碳。就陆地封存技术来看，主要是通过土地用途的改变、森林等植被覆盖率的增加来实现。正如上文举例说明的，有研究已经证实土地用途的有利改变可以抵消温室气体的30%[1]，并且过去的土地开发是可逆的，所以重新进行土地管理可以"回收"以前排放的二氧化碳。这里包括的技术有耕地保护、生物能源、退耕还林、野生动物圈保护等。就海洋碳捕捉与封存技术来看，人类正是利用了生态系统平衡的恢复和重建来达到增强海洋吸收或储存二氧化碳的目的，这一过程正是一种海洋生态修复的过程。上述这些二氧化碳捕捉与封存技术表明，进行生态修复以应对气候变化理念的存在有其合理性。生态修复理念将为应对气候变化具体技术的开发及其利用提供指导，甚至在很多情况下生态修复技术本身就是一种应对气候变化碳封存或捕捉技术。

---

〔1〕〔美〕安德鲁·德斯勒、爱德华·A. 帕尔森：《气候变化：科学还是政治？》，李淑琴、周晓亮、李阳阳、朱艳丽译，中国环境科学出版社 2012 年版，第 85 页。

（三）森林生态修复措施是应对气候变化的主要实践

生态修复技术强调的不是简单的生态环境改善，更不是简单的重复绿化，它包含着重要的生态系统功能恢复和重建的理念。气候变化最基本的原因就是原有的自然功能被人类行为干扰，即使这种干扰有被自然自身消化的可能，但是人类干扰生态系统机能的状况不利于人类社会经济的可持续发展。因此，气候变化过程中人类通过技术手段，促进生态系统功能的恢复或重建，从而使得生态系统平衡得以尽快修复，利用自然抵御气候变化的能力就会得以恢复甚至增强。

以森林碳汇在应对气候变化中的作用为例，有研究表明"森林通过光合作用，吸收二氧化碳，放出氧气，把大气中的二氧化碳转化为碳水化合物，并以生物量的形式固定贮存下来，这个过程国际上把它叫作碳汇。从一定意义上讲，森林具有以最低成本实现最大固碳效益的特性，是固态的碳，是地球碳循环的重要载体，是维持空气碳平衡的重要杠杆，是陆地上最大的'储碳库'和最经济的'吸碳器'。据联合国政府间气候变化专门委员会估算，全球陆地生态系统中约储存了 2.48 万亿吨碳，其中 1.15 万亿吨碳储存在森林生态系统中。科学研究表明：森林每生长 1 立方米的蓄积量，平均能吸收 1.83 吨二氧化碳，释放 1.62 吨氧气。而破坏和减少森林就会增加碳排放，林地转化为农地 10 年后，土壤有机碳平均下降 30.3%。专家测算，一座 20 万千瓦机组的煤炭发电厂每年约排放 87.78 万吨二氧化碳，可被 48 万亩人工林吸收；一架波音 777 飞机从北京到上海来回旅程约 4 个小时，按一天一个来回算，一年约排放 2.8 万吨二氧化碳，可被 1.5 万亩人工林吸收；一辆奥迪 A4 汽车一年的二氧化碳排放量约为 20.2 吨，可被 11 亩人工林吸收。"[1] 足

---

〔1〕 贾治邦："发展林业是应对气候变化的战略途径"，载求是理论网，http://www.qstheory.cn/st/zyhj/200912/t20091228_17921.htm，最后访问日期：2013 年 8 月 10 日。

见森林覆盖率的提高将对应对气候变化行动的成果产生多大的影响，森林对碳排放的有效吸收，也使得森林碳汇成为国家应对气候变化的战略性途径。而森林的增加行为本身就是一种最为直接的生态修复措施。森林生态修复实践的实施相比节能减排和清洁能源利用等措施来说更为直接、更可接受。

（四）矿产资源开发地区生态修复是另一类节能减排

既然二氧化碳已经成为一种较为公认的温室气体，其对气候变化具有决定性影响，那么以矿产资源的利用为主的矿业发展也成为应对气候变化过程中"重点照顾"的对象。节能减排就是在这种背景下成为一种热门话题，通俗一点说节能减排就是减少能源消耗和污染物的排放。从这种意义上理解，矿产资源开发地区的生态修复正是节能减排的积极行动和正面效应。

一般人们对节能减排的认识总是仅仅限于对资源开发的限制、对能源的节约使用以及新能源的利用等方面。似乎节能减排的最基本作用在于通过减少资源开发和利用达到应对气候变化的目的。这种认识可谓普遍共识，但是这仅仅是节能减排的表象。从深层次来说节能减排更是一种生态修复实践效果的延续。从上面对于生态修复的理解可以看出，生态修复不仅仅要求对自然的修复，它更重要的使命是实现社会的修复，是生态文明社会发展的一个重要建设标志。节能减排意味着更高层次的生态文明社会，这正是生态修复与节能减排在路径上的统一之处。事实上正是如此，在矿产资源开发地区进行生态修复，不仅会使受到人为扰动的矿产资源开发生态环境得以根本改善，最重要的是增强了矿产资源开发地区生态系统自我恢复或重建平衡的能力。这种能力的重建一方面是使得当地资源开发和能源利用朝向可持续方面发展，减少资源开发和能源利用对于生态环境本身的直接破坏程度；另一方面使得自然吸收人为排放污染物的能力得以实质增强。因此，可以说矿产资源开发地区的生态修复措施是从一个较为重要的侧面促进了节能减排效果的落实，是另一种类型的节能减排。

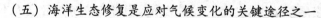

（五）海洋生态修复是应对气候变化的关键途径之一

众所周知，海洋是二氧化碳的最主要吸收者，地球产生的包括二氧化碳在内的各种温室气体绝大部分都被海洋吸收。而海洋生物是二氧化碳吸收的主力军。以海底红树林为例，这种植物有着与陆上森林同样的碳吸收能力，却遭受着比陆上森林更为惨痛的损失。"红树林主要由几十种红树植物和半红树植物、许多藤本植物、草本植物和附生植物组成。红树林具有生物多样性高、生产力高、归还率高、分解速度快等特点。作为一种重要的海岸类型，它具有促淤沉积、护堤防坡、净化水质等生态功能，为许多动物提供了重要的食物和栖息地。由于对红树林的不合理利用和破坏，导致红树林资源急剧减少，体现在面积和种类减少、结构和功能下降。红树林是属于遭受严重威胁的沿海生境之列，尤其是在热带发展中国家，这种现象尤为突出。据估计，现在亚太地区每年损失1%的红树林面积，有些地区已经失去了70%的原始红树林生境。我国红树林主要分布在广东、广西、海南、福建、台湾和香港等省区。由于滥砍、围垦等人为破坏，东南、华南沿海的红树林已从20世纪50年代初的5万公顷降至目前的1.5万公顷，现存林分中80%以上为退化次生林，立地环境恶化。红树林的减少导致海岸带地区的生态环境严重退化、动植物资源衰退、风暴潮等自然灾害增加"。[1] 以红树林生态修复为代表的海洋生态修复活动的开展，对于利用海洋应对气候变化带来的不利影响具有十分重要的现实意义。

三、生态修复是应对气候变化的社会治理措施

（一）生态修复实现应对气候变化的分配正义理念

应对气候变化并不是以自然利益的实现为根本目的。更准确地说，应对气候变化恰恰是人类抵御不利影响的过程，归根结底是为人类利益服务，以人类生存权与发展权的实现为终极目标。人类的

---

〔1〕 参见百度百科"生态修复"，http：//baike.baidu.com/view/1549593.htm#refIndex_1_1549593，最后访问日期：2013年8月10日。

生存权与发展权是基本人权，这种权利及其相应义务是社会人不可剥夺和推卸的。应对气候变化应当是在基本人权实现的范围内展开其活动，不论是对于自然的维护还是修复都不能脱离这种应对气候变化的社会行动而独立存在。因此，应对气候变化存在的社会意义就是其对于基本人权的保护和最终实现。应对气候变化实现社会权利和义务的分配正义，这将是其实现基本人权的指导性理念。

分配正义简单地理解就是权利义务的平等分配。应对气候变化本身就是人类对于生存和发展存在某种忧虑而产生的一种自我救赎行动，这是应对气候变化人类行动开展的最初认识和出发点；对于自然来说，通过人类应对气候变化的行动加强其自身消除气候变化因素的作用，增强其帮助人类抵御气候变化风险的能力是人类对于自然救赎的本质目的。因此，应对气候变化一方面要实现在气候变化过程中人类平等享有生存和发展机遇，特别是一些落后地区可以在应对气候变化中获得更多的经济和社会发展能力；另一方面就是要实现自然抵御气候变化能力的修复或增强，使其更有利于人类生存和发展。可见，应对气候变化过程中人类获得更多生存和发展机遇的权利以及承担相应对自然进行修复的义务都是平等的；相对应，自然在增强抵御气候变化能力承担帮助人类抵御风险义务的同时，享有相应生态修复的权利也都是平等的。所以，不论是从应对气候变化的社会意义来说还是对于自然本身的意义来说，人类的生存和发展权与自然自我修复权利都是平等的。夸大气候变化对于自然的影响，是不利于应对气候变化社会意义实现的。只有在权利义务分配正义实现的社会价值基础之上，应对气候变化才有其正当性。

从上述分析可以看出，生态修复从社会和自然两个方面的权利与义务平等状态的实现出发，既体现人类对于生态系统平衡修复的义务，又实现人类基本生存权与发展权；既强调对于自然的修复，维护自然存在和发展的权利，又深刻揭示人对于生态环境的实际义务。因此，生态修复的理念不论在何种角度，都从分配正义的角度再次论证了应对气候变化的社会实践意义，是应对气候变化理论的有益补充，也能够指导应对气候变化实践活动的展开。

（二）实施生态修复工程是应对气候变化的政治要求

生态文明社会建设是当前新时期社会建设的更高层次要求。生态文明是建立在物质文明、精神文明基础之上的一个更高层次的社会文明形态，这一文明实现的一项重要工作就是进行大规模的生态修复工程，这也是党在十八大报告中明确提出的政治要求。因此，生态修复工程在成为一种具体的社会建设手段的背后有着其深刻的政治内涵。与此同时，应对气候变化的社会建设任务也愈来愈引起党和国家的重视，不论是在指导社会建设的报告中，还是在具体的社会建设实践中，提高我国应对气候变化的能力都成为生态文明社会建设的重要目标。从这种角度来说，生态修复工程的实施与应对气候变化措施具有相同的社会建设目标和政治要求。

首先，从应对气候变化的社会实践上来说，应对气候变化要求我国在社会建设过程中更多地注重经济发展模式的转型，提倡新的生活和生产方式，加大对于新兴清洁能源开发和利用力度，促进产业的优化升级，鼓励更多新型产业的发展。这些行动恰恰配合了生态修复技术的研发和利用，更加速了新兴生态修复产业的产生和发展。生态修复技术是以生物、化学、物理等先进技术利用为标志的现代环保技术；生态修复更大程度上又是一种以城镇化建设与产业优化升级相结合的社会发展理念。生态修复不仅通过新兴技术的使用，提高生态环境本身消化各种污染和不利影响的能力；更通过新型城镇建设、新型产业发展等社会建设手段达到促进人类生活和生产方式更新转变的目的。生态修复的这一社会发展模式正是生态文明社会建设所要求的，也恰恰使其成为应对气候变化措施中一个必不可少的选项。

其次，就应对气候变化背后蕴含的社会理念来说，应对气候变化则更需要生态修复理论的支持。应对气候变化是一种社会转型机遇，更是一种生活和生产方式的再选择途径。生态文明社会建设的政治总要求决定了应对气候变化不能是简单的自然科学问题，而应当是摆脱了纯自然科学争论的社会建设和政治建设目标选择的问题。如果说应对气候变化是中国的国际承诺和国际义务，那么这种承诺和义务的承担都应以国家利益的实现为最高标准和目的。我国的国情决定了国际自然科学研究领域关于气候变化问题的所谓主流结论，并不一定能反映出我国社会的实际需求。不论是二氧化碳等温室气体产生的原因还是消减途径，都只能将我国推向机遇与挑战矛盾选择的国际环境之下。是不是可以尝试提出我国自己的应对气候变化标准，将提高自然抵御气候变化能力的途径，作为像中国这样发展中国家现阶段行动主体目标来履行承诺和义务呢？不再把二氧化碳限制程度作为主要标准，而将生态修复程度作为主要参照；不再把减排作为主要义务，而把国内生态修复工程建设作为主要手段可能对于我国更为有利。毕竟我国广大地区还是在靠资源开发获得生存权和发展权，很多地区减轻税收负担，减轻社会稳定压力，减轻人民生活负担比减排更符合其基本人权要求和社会发展要求。可能有时候"住上房子"比"低碳生活"更为实际，更为大众所接受吧！从这种意义上来说，生态修复则更能够反映社会的实际需求：一方面它通过工程建设修复受损的生态系统平衡，加大了自然控制二氧化碳等温室气体排放的能力；另一方面，最重要的是生态修复更能够适应当前我国社会建设的需要，在保证全面工业化、城市化进程的同时转变经济增长方式，创造新兴产业和就业途径，一些情况下更为直接地改变许多民众落后的生产和生活面貌，尊重最广大地区人民的基本人权，将全社会资源开发和利用的红利进行更为公平的分配，实现真正意义上的生存权和发展权的分配正义。这些生态修复的作用也将在下面章节举例并深入阐述。生态修复这种理论的形成正从更加符合国情的角度丰富应对气候变化理念，也更是生态文明社会建设理论的有益补充。

（三）生态修复产业与应对气候变化的经济转型需求

生态修复不仅仅是一种理论的创新和探索，它还作为一种广泛的社会实践在土壤污染、退耕还林、水土保持、矿区生态环境保护等领域开展，并且这些理论和实践领域的成果是有目共睹的。当前，生态修复理论丰富前提下的实践正在催生一种新型的产业链——生态修复产业。“继大气污染治理和水污染治理之后，包括污染土壤治理、荒漠化修复、矿山复垦及园林绿化等在内的生态修复行业，正成为环保产业的又一个‘金矿’。……目前一些地区仅土地污染修复费用所需资金就高达数十亿甚至数百亿元，考虑到政府和全社会在对抗生态恶化上的力量与资金投入持续加码，生态修复行业即将进入第一轮脉冲式发展阶段，市场空间在千亿元以上，预计到 2020 年市场容量将达到上万亿元。一个值得关注的信号是，日前召开的国务院常务会议，正式提出研究推进政府向社会力量购买公共服务。可以预见，土壤修复、园林绿化等生态修复领域的大型企业，将会成为政府集中购买公共服务的对象，从而迎来更广阔的发展空间。未来，生态修复产业将具有亿万商机，一大型券商生态文明专题调研报告称，在大力推进生态文明建设要求下，中国环境保护和生态修复行业的商机高达数万亿元。”[1] 生态修复产业正迅速成为一种朝阳产业，这对于应对气候变化过程中发展高新技术、环保技术以及高效节能技术产业的要求而言，无疑将是一种新的应对气候变化产业发展路径。

对于我国而言，发展生态修复产业将使抵御气候变化不利影响的自然修复能力的提高成为可能。同时发展生态修复产业也将落实应对气候变化对于经济发展模式转型的需求。不论是土壤污染的修复还是森林生态修复，也不论是矿产资源开发地区的生态修复还是海洋生态修复，都是对自然界吸收二氧化碳、控制温室气体排放能力的一种恢复或重建。这种人为的自然修复计划对于利用自然应对气候变化的理论设想和实践提供实施可能性，也是将“以自然应对

〔1〕 毛明江：“受益‘政府团购’生态修复产业有望成为下一个‘金矿’”，载《上海证券报》2013 年 8 月 2 日，第 F03 版。

自然"的假设变为现实的有效途径。与"节能减排"等较为空荡的回音不同，与利用新能源巨大成本来换取新产业发展并迫使落后地区邯郸学步也不同，应对气候变化的生态修复产业将是一个已经存在并将更广泛发展的产业链，是一个适合落后地区工业化过程的正当合理的进步环节；带来的不仅是经济发展模式转变的契机，更是经济可持续发展的先机。

生态修复产业发展的内在成果表明，将生态修复技术应用于实践已经成为一种成熟的产业运作途径。生态修复不仅集成了人们恢复和重建生态系统平衡的先进理念，更主要的是它将生物、化学、物理、管理、经济以及法学等领域研究的最新成果付诸实践。例如各地展开的采煤塌陷区生态修复实践、水生态修复实践、林业生态修复实践等，都表明将生态修复技术通过市场运作，转化为新兴生产和生活方式，并以一种制度模式存在的现实可能性。这种实实在在的生态修复产业的存在，以及今后产业链的形成都说明，以生态修复产业推动应对气候变化带来新的经济增长点的可能。实践证明，任何一种产业的产生和发展带来的可能不仅仅是一种更深层次的技术革命，也可能创造更大社会发展机遇。因此，关注应对气候变化的生态修复产业将大有可为。

（四）生态修复法治是应对气候变化过程中社会治理的有效保障

不论应对气候变化在其科学研究领域还存在多少争论，国际社会对于应对气候变化又存在多少纠结与博弈，其对于人类社会生存与发展的意义是决定性的。只有将应对气候变化与社会的发展结合起来，使其具有社会意义，它才具有讨论和实践的可能。因此，应对气候变化的社会化治理是应对气候变化议题的落脚点。法治是现代社会治理的主要手段。应对气候变化社会治理的主要手段之一则必然是法治。但是，应对气候变化的法治手段可以有多种选择，这是由应对气候变化措施的多样性所决定的。不同的应对气候变化科学认识，对于气候变化应对的手段选择也会有所不同。以较为主流

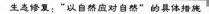

的温室气体控制说为例，减少二氧化碳等温室气体排放、节能减排、限制旧式产业的发展、促进高新节能产业的发展等都是应对气候变化的重要措施。但是不论是主流应对气候变化观点，还是否认温室气体排放的应对气候变化观点，在讨论自然作为应对气候变化的手段上都是认可的。就是说人们还是普遍赞同自然具有抵御气候变化风险的可能的，只是在其重要程度上主流与非主流观点之间重新陷入论战罢了。因此，抛开这些争论，选择"以自然应对自然"的措施来应对气候变化则是较为可行的。从这种意义上来说，以生态修复为代表的通过自然力量应对气候变化不利影响的措施有其存在理由。在选择应对气候变化社会治理手段的过程中，生态修复法治的存在是必不可少的选项。而完善法律制度的存在又是法治的前提和基础，因此，建立完善的生态修复法律制度是应对气候变化时代背景下生态修复法治化，并成为应对气候变化社会治理手段的必由之路。

生态修复及其法律制度建设实践

如果说人类已经将二氧化碳作为气候变化的罪魁祸首，已经将人类利用矿产资源作为气候变化人类因素说的焦点论据，那么以煤炭资源开发为主的我国矿产资源开发行业的发展及其带来的种种弊病，都将成为持上述观点者口诛笔伐的对象。但是事实并不是人们从表面所看到的那样，恰恰是煤炭行业的发展更大程度上促进了生态修复模式的丰富和生态修复技术迅速进步。与退耕还林以及各种土地复垦活动相比，煤炭开发地区的生态修复成果不仅带来自然的修复，更加重要的是带来了一个新兴技术产业的兴起，带来了一部分人群、地区甚至是国家、民族实现生存权与发展权分配正义的机遇。正如一些采煤塌陷地区实施的生态修复工作所表现的那样，不论是资源的更广泛开发和利用与人类生存和发展之间的必然联系，还是人类生存与发展和应对气候变化之间必然的冲突，都可以通过人类的积极努力或加强，或妥善解决。本章正是要通过对我国典型采煤塌陷区生态修复实践、森林生态修复实践以及水生态修复实践研究，考察生态修复法律制度作用于应对气候变化人类努力的另一种路径的技术可能性。其中，本章也将重点介绍采煤塌陷区生态修复实践及制度建设情况，这是生态修复自然与社会双重作用实践的最好证据。

第一节　从采煤塌陷区说起

采煤塌陷是煤炭资源开发带来的生态环境危机，是对原有生态系统平衡的严重破坏。可以说这是煤炭资源开发引发"恶评"的重要原因之一。气候变化"人为二氧化碳因素"的支持者认为，煤炭等矿产资源的使用是气候变化的元凶，将煤炭等矿产资源的开发和利用看做是人类引起气候变化的主要原因。事物都有其不可分割的两面性，越是"看不惯"煤炭资源的开发，其本身越有其"可爱"之处。对采煤塌陷区进行治理虽然不能够直接减少煤炭的"万恶因素"，但是它催生了生态修复的新模式，同时密切联系了人类修复自然抵御气候变化能力与人类应对气候变化积极作用之间的关系。更主要的是采煤塌陷区生态修复工作的实际开展，验证了生态修复技术实践以及法律制度建设的现实可能性。

一、采煤塌陷区概念及其分类

（一）采煤塌陷区[1]的基本概念

采煤塌陷是指"地下煤层采出后，上部覆岩、覆土失去支撑，力学平衡被打破，在重力和应力作用下重新调整，随之发生弯曲、变形、断裂、位移，导致地面塌陷下沉，并形成地表低洼的塌陷区（地）。"[2] 简单地说，采煤塌陷就是开采煤炭资源带来的地面塌陷。

（二）采煤塌陷区产生的原因

采煤塌陷区产生的最主要原因是人类对自然资源的开发和利用，是人为的生态环境破坏。从社会意义上来说，采煤塌陷区产生

---

〔1〕 也称采煤塌陷地。但本书认为，采煤塌陷地不足以明确反映采煤塌陷后造成的区域性影响和广泛程度，故使用采煤塌陷区的提法，其概念界定都是一致的。

〔2〕 汤淏："基于平原高潜水位采煤塌陷区的生态环境景观恢复研究——以徐州市九里湖为例"，南京大学 2011 年硕士学位论文。

的微观因素是人为了生存和发展而作出的资源开发行为。而社会经济发展是建立在人生存和发展基础上的最终结果，它是采煤塌陷区产生的宏观因素。因此，采煤塌陷区是人及其组成的社会存在的必然结果，这也是其存在的本质性因素。没有人本身的需要就不会有对煤炭资源的开发，也就不会产生采煤塌陷区；没有人对生态环境的破坏更不会有采煤塌陷区生态环境危机的产生。但是这并不意味着人应当不顾其本身的生存需求，停止对自然资源的开发和利用，这是极端违背伦理的。从技术层面上来说，采煤塌陷区的形成则是一个复杂的地质变化过程。采煤塌陷是矿山地质灾害的重要类型，主要由于"地下开采时，煤炭资源被大量采出，原有的岩体平衡状态被打破，上覆岩层发生依次冒落、断裂、弯曲等移动变形，最终波及地表，在采空区的上方造成大面积的塌陷，形成一个比开采面积大得多的下沉盆地。该下沉盆地内的土地将发生一系列变化，造成土地生产力的下降或完全丧失。"[1] 有研究表明"采空塌陷的形式与开采煤层的倾角有关，缓倾斜煤层开采后，形成椭圆形的地表塌陷，其塌降量由中心向外围逐渐减少，采空区边缘部位常出现张裂缝。倾角大的煤层开采后，则形成条带状的地面塌陷。当地面下沉至潜水位以下时，塌陷区内常年积水。"[2]

（三）采煤塌陷区分类

目前采煤塌陷区的类型划分并无定论，学者也多按照不同标准作出不同区分。"按开采条件和采煤方法不同，可将地面塌陷分为短期突发性塌陷、延迟突发性塌陷、切冒裂缝塌陷和无裂缝缓慢沉陷等四种类型"；[3] "按照塌陷的形态特征大致可分为三种主要类

〔1〕 周连碧、王琼、代宏文：《矿山废弃地生态修复研究与实践》，中国环境科学出版社 2010 年版，第 29 页。

〔2〕 汤淏："基于平原高潜水位采煤塌陷区的生态环境景观恢复研究——以徐州市九里湖为例"，南京大学 2011 年硕士学位论文。

〔3〕 侯志鹰、张英华："大同矿区采煤沉陷地表移动特征"，载《煤炭科学技术》2004 年第 2 期。

型：塌陷盆地、裂缝和台阶、塌陷坑。从分布面积来看，以塌陷盆地为主，裂缝和台阶是塌陷盆地的附属类型，塌陷坑的范围最小。"[1] 按照塌陷地的性质可以分为："塌陷干旱地、塌陷沼泽地、季节性积水塌陷地、常年浅积水塌陷地和常年深积水塌陷地。"[2] 前两种划分方法较为专业化，但不利于普通公众理解，难以形成社会公知。最后一种划分方式较为形象易懂，有利于社会科学领域研究利用和推广。本书主要采用最后一种划分标准，但仍应进行整合。从上述划分来看，采煤塌陷主要呈现两种基本形态：一是积水状态；二是非积水状态。因此，采煤塌陷区可以主要分为积水型塌陷区和非积水塌陷区两种基本类型：积水型塌陷区主要是指塌陷区内塌陷地常年或季节性积水，造成土地板结，或形成积水深度在0.5~2.5米及3米以上的塌陷湖、水库等状态的塌陷区域；非积水型塌陷区主要是指一般不积水，地形种类较多的塌陷区域。

二、问题缘起：采煤塌陷区概况及其现实危害

众所周知，采煤塌陷是由于煤炭开采造成地表沉陷并呈现各种地貌特征的现象。根据国土资源部2007年发布的《中国地质环境公报》显示："截至2007年底全国矿业开发占用和损坏的土地面积为165.8万公顷，其中尾矿堆放90.9万公顷，露天采坑52.2万公顷，采矿塌陷20.3万公顷。可见因采煤塌陷造成的土地破坏已占矿业开发造成损坏的12%。而当年，我国原煤产量达25.5亿吨，比2002年的14.15亿吨增长80.21%，年均煤炭产量涨幅达12.5%。"[3] 据此有测算，"我国重点煤矿，平均采空塌陷面积约占矿区含煤面积的1/10，每挖1吨煤，就会形成一个不到1立方米

〔1〕汤溟："基于平原高潜水位采煤塌陷区的生态环境景观恢复研究——以徐州市九里湖为例"，南京大学2011年硕士学位论文。
〔2〕沈渭寿、曹学章、金燕：《矿区生态破坏与生态重建》，中国环境科学出版社2004年版，第34页。
〔3〕参见国际煤炭网，http://coal.in-en.com/html/coal-0708070837166385.html，最后访问日期：2012年9月10日。

的采空区。如果按照我国年近 30 亿吨的煤炭产量来统计的话，就意味着我国的土地上每年将又多出超过 20 亿立方米的采空区。假设煤矿矿井采高 1 米的话，这个采空区涉及面积相当于 400 平方千米。"[1] 随着煤炭资源广泛利用，我国还将形成诸多面积不等的新的采煤塌陷区。

（一）采煤塌陷产生的生态环境破坏

由于采煤塌陷已经成为矿山地质灾害的一种重要形式，因此采煤塌陷产生的生态环境破坏是巨大的。通常来说采煤塌陷造成的生态环境破坏主要包括土地破坏、水资源和水环境破坏、大气污染、生物多样性破坏以及人类生活环境破坏等。

1. 土地破坏

土地破坏是采煤塌陷产生生态环境破坏的重要形式。目前，"我国采煤塌陷造成土地破坏总量已超过 6000 万亩，并且仍以每年49.5 万亩 ~70.5 万亩的速度在增加。"[2] 有研究表明，采煤塌陷对土壤的破坏力度和形式是多重的。"首先，采煤塌陷易造成土地的侵蚀，且地面塌陷形成大面积地表盆地，下沉由几毫米至十几米不等，这也容易引起土壤的盐碱化和沼泽化。同时，地面塌陷导致地下水位下降、土壤中裂隙产生，这不仅使因毛细现象而使土壤反湿非常困难，也大大加强了风力挟走土壤水分的能力（蒸发作用），因此土壤湿度大幅下降；此外，开采塌陷造成地表形成了许多裂缝和相对的坡地和洼地，土壤中许多营养元素随着裂隙、地表径流流入采空区或洼地造成许多地方土壤中养分的短缺，"[3] 这种土壤湿

---

〔1〕 "采煤塌陷：一个无法回避的难题"，载中国矿业网，http：//app. chinamining. com. cn/Newspaper/E_ Mining_ News/2009 - 10 - 21/1256089884d29083. html，最后访问日期：2012 年 9 月 10 日。

〔2〕 "塌陷区上的田园风光"，载中国国土资源网，http：//www. clr. cn/front/read/read. asp? ID =165424，最后访问日期：2012 年 9 月 13 日。

〔3〕 齐艳领："采煤塌陷区生态安全综合评价研究——以唐山南部采煤塌陷区为例"，河北理工大学 2005 年硕士学位论文。

度和养分的短缺均会加剧土壤的贫瘠程度影响地表植物尤其是农作物的生长。其次，从对土地的利用条件和方式来说，采煤塌陷使土地不再平坦，改变了地形地貌，加大了原地面坡度，扰乱了原相对稳定的土壤结构和地质环境，尤其是水肥沿倾斜的地面和裂开的地裂缝渗漏、流失，引起地面小气候和水、热、气、肥等土壤肥力发生变化，使得土地的生产力下降，甚至丧失。土壤物理性质和化学性质的被改变，改变了土地利用的自然因素，使得土地利用的适宜性发生改变，从而也就限制了土地利用方式的选择。[1]

2. 水资源和水环境破坏

采煤塌陷对水资源的影响和破坏主要体现在：一方面是地表水资源的影响，这包括：采煤塌陷截取地表水体径流导致水资源流失；采煤塌陷消减地表水体的补给源导致水资源减少。另一方面采煤塌陷也引起了地下水位大幅下降，破坏潜水含水层、加大地下储水空间，并改变地下水的运动规律，进而使原有的地下水排泄点干枯或泉流量减少。此外，采煤塌陷严重影响地下水环境，有研究显示："矿坑水排出地表后，水中所含的各种有害物质直接进入河道，污染水体。由于地表水已受到矿坑水的污染，地表水补给浅层孔隙水，导致浅层孔隙水水质间接受到污染，地下水的化学类型逐步过渡为硫酸重碳酸钙型水，矿化度大于 500mg/L，硫酸盐严重超标。采煤对石炭、二叠系含水层造成破坏，使裂隙水转化为矿坑水，从而使其水质严重污染，呈现与矿坑水相同的水质特征。"[2] 并且，由于许多生活和工业污水直接排入采煤塌陷造成的积水坑严重污染，再加上渗透和排泄的原因，许多水体因此污染，水环境严重恶化。

---

〔1〕 姚章杰："资源与环境约束下的采煤塌陷区发展潜力评价与生态重建策略研究"，复旦大学 2010 年硕士学位论文。

〔2〕 郭润林、张卫新、员占英："采煤对水资源环境影响分析"，载《山西水利》2001 年第 1 期。

3. 生物多样性的破坏

"根据有关专家对从山东邹城塌陷水体浮游植物多样性研究结果来看，所研究的 6 个水体均处于富营养状态；并且从研究指数分析结果来看，在选取的采煤塌陷典型地区内 6 个水体均处于重度污染，各水体的物种丰富度都比较低，个体分布不均匀，而且随水体污染程度加重，浮游植物种类趋于减少。"[1] 也有专家通过对采煤塌陷塘浮游动物群落结构和水质评价进行研究后指出，由于面源污染农村大量的人畜粪便及秸秆腐烂物质随着降雨径流汇入，也造成了污染，水环境状况不断恶化，生物多样性急剧减少。[2]

4. 人类生活环境的破坏

对人类生活环境的破坏是显著的：一是由于塌陷造成原有的耕地流失，不得不进行的搬迁安置，有些依赖耕地生活的民众失去原有的生活状态，转而寻求其他生活出路；二是建筑用地的减少使得地上建筑物成为危房或坍塌，不仅危及人民的生命财产安全而且使得经济发展受到严重影响；三是塌陷迫使政府在发展规划中不得不投入过多的精力和财力去进行详细的论证和探索城市发展模式转型，给财政带来严重压力。此外，由于采煤塌陷带来的景观环境的严重破坏也使得当地民众的生活环境质量大打折扣。诸如此类问题严重影响了人们利用环境享受环境利益的程度和质量。这是人类自身发展带来的难题，也是一种自然的"报复"。这种"报复"对社会经济发展带来的影响才是最根本和最可怕的。

（二）采煤塌陷生态环境破坏引发的社会经济问题

上述对采煤塌陷区生态环境破坏现象的分析主要是为了引出并分析采煤塌陷产生态环境破坏带来的社会和经济发展的问题。

这里必须说明生态破坏带来的问题即生态问题与环境问题的关

---

〔1〕 郭友红："采煤塌陷区水体生物多样性调查"，载《中国农学通报》2010 年第 10 期。

〔2〕 周晓燕："采煤塌陷塘浮游动物群落结构和水质评价研究"，载《水生态学杂志》2010 年第 4 期。

系。有环境资源法学专家以法定"环境"概念为对象，对环境问题带来影响的主要表现做了较为通说的概况：一是环境污染和自然破坏造成环境质量下降从而导致环境价值、历史和文化价值的遗失；二是因环境污染等造成的对人类生活的妨害、侵害以及对自然环境的破坏；三是造成自然资源的枯竭、生物多样性的减少以及全球环境功能的退化；四是导致人类心理和感官上对环境与自然舒适性认识的降低。[1] 这是环境资源法学界较为普遍的对环境问题带来社会影响的认识。但这仅仅说了环境问题，并没有将整个生态的问题加以考虑。事实上我们环境资源法学中对于生态环境问题通常直接理解为环境问题本身，但这并不科学。生态与环境还是存在很大差异的，生态的破坏与环境破坏所带来的社会问题也不完全相同。环境并不是生态的唯一表现形式，并且环境在某些时候也并不能为生态所完全囊括。应当注意的是生态还包括了一种生物（包括人类）与其他生物之间的相对状态或相互关系。可见生态的破坏在表现为某种形式的环境破坏之外，还表现为某种生物，尤其是人类，与其他生物之间相对状态或相互关系的破坏。这种破坏主要表现为生态系统平衡状态的破坏，包括通过自然的或人为的（主要是人为）因素进行破坏。例如人类为了眼前利益的生产和生活活动，对自然资源进行不合理的利用等，使得生物圈系统结构与功能产生了很大变化，这包括生物多样性的破坏和水体富营养化的现象，这些现象都是生态平衡被打破的重要表现。由此可见，环境资源法学对于环境问题的认识多是包括了对于生态问题的认识，因而在上述概况中的环境问题也有生物多样性破坏等现象，但这种交叉应当予以明确，生态与环境是不相同的概念，环境资源法学中对于环境问题的认识有待进一步深化。

综上所述，生态环境破坏主要表现为自然资源领域的不合理利用、环境污染以及生态的破坏几个重要形式。采煤塌陷区的生态环

〔1〕 汪劲：《环境资源法学》，北京大学出版社2005年版，第23页。

境破坏也主要表现为这几个方面，这就带来了如下社会和经济问题。

1. 民众生产和生活受到影响

其一，采煤塌陷造成耕地的大量流失使得依靠耕地获得经济来源的农民不得不改变原有的生产和生活方式。他们或搬迁到其他地区重新开垦，但这又加大了耕地资源的紧张状态；或丧失耕地转变以耕地为主要经济来源的生存方式，进入城市，加速当地城镇化，但这极大地造成当地城市社会问题，包括就业与失业问题、社会保险问题、居住问题等更为严重的城市发展问题。其二，采煤塌陷造成水体的污染，使得当地供用水矛盾突出。其三，采煤塌陷造成原有的地貌发生变化，由此引发景观环境的破坏，降低人们生活环境质量。其四，也是最严重的是采煤塌陷产生的地表沉陷及地震时有发生，严重威胁着当地居民的生命和财产安全。

2. 社会的和谐与稳定受到影响

正因为上述采煤塌陷区生态环境破坏对民众的生存产生重大影响，所以政府不得不加大对采煤塌陷区生态环境治理的力度，否则其一，塌陷区民众众多，极易产生群体性事件，处理不好后果不堪设想，这极大增加了维稳的成本；其二，人们生活质量的普遍降低也将影响人们对政府的信任和支持程度，造成新的社会不满，威胁政权稳定；其三，由采煤塌陷产生的地震威胁不及时消除，社会人心惶惶，难以恢复正常的生产和生活秩序；其四，相关法治的不健全，使得民众的相关权益得不到保障，再加上沟通渠道的不畅，民众的怨气得不到及时的沟通和疏解，对于社会不满情绪必将增加，这也极大地威胁到社会的和谐与稳定，甚至政权的长治久安。

3. 采煤城市经济发展受到挑战

煤炭是煤炭资源型城市最重要的经济发展支柱。对一个煤炭资源型城市来说，煤炭就是城市的第一生命。我国许多城市都是因煤炭而建市的，因此可以说煤炭是整个城市社会和经济发展的希望。并且，当前煤炭资源开发行业也是我国经济发展的主要动力行业，现在如此，未来很长一段时间也都将如此。因此，这就决定了许多城市必须一直开采煤炭以获得经济的发展的动力和机遇。但是由于采煤塌陷的存在，煤炭开采与采煤塌陷以及经济发展三者之间产生严重的矛盾。要发展就要开采煤炭，煤炭开采带来采煤塌陷，采煤塌陷迫使政府不得不投入大量财政治理生态环境，企业不得不投入一定的治理成本才能正常开采，从而产生经济发展瓶颈。周而复始，这种经济发展怪圈对现有城市经济发展模式带来巨大挑战。煤炭资源型城市不得不转变发展模式，投入更好的技术进行煤炭开采和塌陷治理。但一直以来，这些城市在给国家发展做出贡献的同时却得不到有力支持，甚至被特意忽略，许多重要的采煤城市甚至不为人知。这种独自承担采煤塌陷治理主要成本，却得不到有力支持的城市在煤炭开采完毕之后留下的就只能是狼藉一片。随着煤炭开采完毕，这个城市经济发展的能力也将随之降低，这对煤炭资源型城市是不公正的，采煤城市的这种经济发展模式也是不合理的。

上述危害并未提出相关数据，主要原因是全国性的数据没有相关具体统计，即使有统计也难于查到，因此，下文将根据实地调研情况提出典型地区相关危害数据，并进行分析论证。

第二节　典型采煤塌陷城市生态修复案例调研

为了更为直观地感受采煤塌陷给生态环境以及社会经济发展带来的严重灾难，必须对采煤塌陷区进行实地调研和观察分析，取得一手材料，这样才有利于提高本书的实际应用价值和学术理论价值。由于研究经费等方面的限制，虽然没有对全国的生态修复情况进行全面实地调研，但本书选取的淮南市煤炭塌陷区生态修复实例从技术而言，已经具有典型性和相当的代表性，可以为我国生态修复相关技术研究提供重要的实践参考。

一、采煤塌陷区生态修复典型案例选取理由

（一）典型案例选取标准

1. 具有立法权可以为制度构建提供保障

法制是制度建设的前提和保障，而法制建设又是以立法为起点的，因此享有地方立法权是该地相关制度构建的保障和最有利条件。城市享有地方立法权在我国是具有严格规定的。我国《立法法》第63条第2款规定："较大的市的人民代表大会及其常务委员会根据本市的具体情况和实际需要，在不同宪法、法律、行政法规和本省、自治区的地方性法规相抵触的前提下，可以制定地方性法规，报省、自治区的人民代表大会常务委员会批准后施行。"目前，1984年以来获国务院批准的18个"较大的市"包括：唐山、大同、包头、大连、鞍山、抚顺、吉林、齐齐哈尔、无锡、淮南、青岛、洛阳、宁波、淄博、邯郸、本溪、徐州、苏州。因此，典型地区最优选择应当在这些依法享有地方立法权的城市中展开，一方面，立法是构建采煤塌陷区生态修复机制的前提和制度保障，没有立法权许多制度只能停留在政策层面，难以形成固定的、完整的、秩序性的东西，对机制建设来说都是没有长远意义的；另一方面地方立法实践可以为全国立法提供法制建设经验。

2. 采煤塌陷区类型多样并具有集中代表性

从上文对塌陷区的介绍可以看出全国采煤塌陷区的类型是多种多样的，但是这些类型并不是完全分散的，有些较为集中。例如可以在一个城市中出现多个类型的采煤塌陷。这样在一个城市中出现较多类型的采煤塌陷，那么这些采煤塌陷区就具有全国性的代表意义。选取某个采煤塌陷区分布广、类型具有代表性的城市进行调研也就能够对全国采煤塌陷区的状况有一个直观的、代表性的认识。

3. 已有生态修复实践并取得一定成果

已经并正在进行采煤塌陷区生态修复相关实践，这实际上是一个首要的选取标准。这里所说的实践必须也应当是具有生态修复或环境修复实质意义上的，因为只有同时具备这两个方面的实践才具

有进行真正意义上采煤塌陷区生态修复实践的可能。上文对于生态修复的含义分析已经说得很清楚了，生态修复是具有深刻社会意义的行为和过程。虽然当前对于生态修复还没有统一的认识，但是生态修复在一些地区已经有所开展，并取得了实际的治理效果，这些都是构建完整采煤塌陷区生态修复理论和机制的最佳借鉴素材。当然，土地复垦实践也是生态修复实践的重要组成部分，也是一个前期的主要步骤，因此就采煤塌陷区生态修复实践而言，土地复垦基础上的具有社会意义的生态修复和环境修复实践是选取典型城市作为实地调研的重要标准。而且，最好是这些实践已经取得了一定的成果，并有可以为世人所知的实践成功案例。

4. 具有大规模开采煤炭资源的历史和现实

采煤塌陷的危害只有通过大规模长期开采煤炭才会显现。因此，在选取实地调研城市的过程中应当选取煤炭开发历史较长、采煤塌陷危害明显的地区。实际上，小规模的短期开采，一方面产生的塌陷危害并不明显；另一方面这种塌陷往往仅仅是地表的沉陷，治理起来简单而且并不具有全国典型意义。最重要的是，塌陷危害不显著的地区在经济发展模式上不是依赖于煤炭资源的开采，在社会经济上也不可能产生严重的可持续性发展问题，因此在社会意义的研究中不具有代表性。所以这不是本书的调研重点。此外，关于历史问题，这是本书，也是采煤塌陷生态修复实践中一个较为棘手的问题。由于众所周知的历史原因，我国在煤炭经济发展的过程中遗留了很多历史问题，这些问题对于因此而产生的采煤塌陷问题的彻底解决带来了不小的麻烦，特别是在国家责任与企业责任的明确划分上存在很大的现实问题，这一问题能否有效解决将影响采煤塌陷区生态修复机制的建立和完善。

5. 国家有试点政策支持并已经有计划地展开

国家的试点或者是具有相关政策支持，是开展采煤塌陷区生态修复机制研究的一个有利因素。这种政策的支持将有利于考察国家在全国性的采煤塌陷区生态修复工作中已有的经验，并可以总结出这些政策还存在哪些不足，以及可以完善的方向。如果调研城市已经具备这种政策支持将有助于更好地开展研究，同时国家政策的不足和完善方向也就易于掌握。

6. 社会经济发展受制于煤炭资源开采情况明显

实际上，这个标准与上述第 4 个标准是紧密联系的。这一标准也是将生态修复与社会经济发展紧密联系起来的重要纽带。社会经济发展严重依赖煤炭资源的开采，这势必会有遗留的历史问题和大规模开采煤炭资源从而产生塌陷的问题。社会经济发展严重受制于煤炭资源开发，这是造成一些城市采煤塌陷问题不能在短期内一劳永逸解决的重要原因。这种情况更需要体现社会的公平和正义，更需要环境正义的存在。这就牵涉到本书中一个重要的探讨方向——环境正义的问题。同时这种正义的实现表现在法律机制构建上，则更明确地要求人们必须通过分配正义的实现，保障塌陷区居民的利益得到公平正义地实现。必须强调发展才是保障利益的基础，那种因为生态环境破坏而否定发展、限制人类自身发展的环境伦理论调是不可取的，这只是一种欺世盗名的做法，对广大资源开发城市的居民来说是不公正和极不负责任的。这种论调也将是本书中极力批判的对象。因此，在调研地选择上，这一标准非常重要。

（二）淮南市作为调研对象的代表性

淮南市位于安徽省中部偏北，市境以淮河为界形成两种不同的地貌类型，淮河以南为丘陵，属于江淮丘陵的一部分；淮河以北为地势平坦的淮北平原，全市总面积 2585 平方公里，其中市区面积 1555 平方公里，凤台县面积 1030 平方公里。建成区面积 97.45 平方公里。淮南市有证可考的历史可以追溯到春秋战国时期，新中国成立后正式建立淮南市，目前设有五区一县，是一个较为典型的煤电化复合型重工业城市。

1. 淮南市拥有地方立法权

1984 年国务院发布了国务院《关于批准唐山等市为"较大的市"的通知》："国务院现在批准唐山市、大同市、包头市、大连市、鞍山市、抚顺市、吉林市、齐齐哈尔市、青岛市、无锡市、淮南市、洛阳市、重庆市等十三个市为'较大的市'。这些市的人民代表大会常务委员会依法可以拟订本市需要的地方性法规草案。"这就明确了淮南市具有地方立法权，可以根据本市情况制定地方性法规，这就为采煤塌陷区生态修复地方立法奠定了坚实的立法基础。这是淮南市率先建立采煤塌陷区生态修复机制的先天优势，也是许多其他煤炭开发重点城市所不具有的法治建设优势。

2. 淮南市是重要煤炭和电力资源储备和生产基地

从 1903 年淮南煤矿开矿起，已历尽百年沧桑。"目前淮南已成为全国 13 个亿吨级煤炭生产基地、6 个煤电一体化基地之一。境内的淮南矿业集团是我国黄河以南最大的新型能源企业。2004 年淮南煤总产量突破 4000 万吨，位居全国第四。淮南市煤炭远景储量 444 亿吨，探明储量 153 亿吨，占华东地区的 32%，占全国的 19%。经认定，淮南煤田是中国黄河以南、特别是中国东南地区资源条件最好的煤田，也是规模最大、最后一块整装煤田。到 2010 年煤炭产量将达到 1 亿吨左右。是全国 13 个亿吨煤炭煤炭基地之一。淮南由此被称为'建在金库上的城市'、'华东工业粮仓'。2010 年，淮南矿业集团位居中国企业 500 强第 183 位，其经营的煤炭、电力、房地产三大主业规模为安徽省最大。"[1]同时淮南市是华东地区重要的火电基地，其发电量不久将与三峡发电量旗鼓相当，被誉为"火力三峡"。可见，煤电复合型的工业结构决定了煤炭在淮南市经济发展乃至整个安徽省和华东地经济发展中的重要地位。考察淮南市采煤塌陷区生态修复情况对经济发展的作用，并研究相关机制建立和完善的途径对于建立全国范围内的采煤塌陷区生态修复机制具有典型的借鉴和实践意义。

---

〔1〕 本段数据和评价均来自于对《淮南年鉴》（2012）和百度百科的相关数据和资料的整理，简编而成。

3. 淮南市的采煤塌陷区呈多样性广泛分布

淮南市内矿井林立，采煤塌陷区也广泛分布。目前，淮南市有六大采煤塌陷区，分别为九大采煤塌陷区、谢李采煤塌陷区、新李采煤塌陷区、潘集采煤塌陷区、张谢采煤塌陷区和新集采煤塌陷区。经调研，在采煤塌陷区的类型上，淮南市采煤塌陷以积水性塌陷为多，这些塌陷有的集中在城市主干道的两侧，有的则位于较为偏远的农村，但主要依矿区而成，多造成大量耕地的损毁。塌陷损毁了临近的多个村庄，造成房屋没于水中，形同洪水灾害。对于市内非积水性塌陷区，目前矿业集团已经进行了较为成功的生态修复工作，已经形成一个范围广大的湿地公园，这在下文介绍。由此可见，淮南市采煤塌陷区不仅分布广泛且种类齐全，是极为典型的采煤塌陷区，也是理想的实地调研对象。

4. 淮南市展开的生态修复已经取得一定实效

淮南市采煤塌陷区生态修复已经取得了实效。很多塌陷区已经从根本上改变了面貌。在生态环境本身的修复上，目前，淮南市已经形成较为典型的治理模式：一是“泉大模式”，即把生态修复同资源枯竭矿井土地盘活相结合；二是“后湖模式”，即把采煤塌陷区生态修复同农业产业结构调整相结合；三是把采煤塌陷区生态修复同发展三产相结合的“鑫森模式”；等等。在体现生态修复的社会意义上，淮南市已经逐步建立一整套生态修复管理机制，并在法治建设不断完善的基础上不断完善相关的制度，构建了诸如搬迁安置制度等一系列与采煤塌陷区生态修复机制建设相关的重要制度体系。总之，淮南市正在进行采煤塌陷区生态修复机制建设实践的有益探索，并取得了一定实效。

5. 淮南市试行试点政策已多年并已经取得一定成果[1]

2009年以前，淮南市就已经开始对于采煤塌陷区进行综合整

---

[1] 文中数据和相关资料均来源于安徽省国土资源厅网站，http://www. ahgtt. gov. cn/ywpd/remediation. jsp，以及中安在线——安徽日报网站，http://ah. anhuinews. com/system/2010/12/21/003583998. shtml，经过笔者重新整理使用。

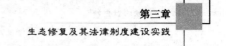

治，也取得了一定的成果。2009 年安徽省国土资源厅成立了采煤塌陷区综合治理工作领导小组，并开始组织对皖北五市采煤塌陷区域内的 214 个村庄进行搬迁，涉及 46 361 户 166 763 人。这是国家在安徽省大规模开展采煤塌陷区综合治理试点工作的开始。淮南市也以此为契机，进行了一系列卓有成效的采煤塌陷区搬迁安置、土地复垦和环境综合治理工作，并取得了丰硕成果。

在资金投入上，2009 年 4 月至 2010 年底，淮南市共投入搬迁资金 21 亿元，建立塌陷区搬迁居民安置点 19 个；投入修复资金 1.205 亿元，实施修复项目 33 个，使 20 万居民受益。在采煤塌陷区居民搬迁安置工作上，制定了《淮南市 2010～2015 年采煤沉陷区村庄搬迁计划》逐步开展搬迁工作。

二、淮南市采煤塌陷区生态修复成功案例与制度建设成果

（一）淮南市采煤塌陷区概况

熟悉淮南历史的人都知道，淮南因煤而建，因煤而兴。然而正是长期和大规模的煤炭开采，给淮南市带来了严重的地表塌陷。当前，淮南市已经形成了九大采煤塌陷区、谢李采煤塌陷区、新李采煤塌陷区、潘集采煤塌陷区、张谢采煤塌陷区和新集采煤塌陷区。据统计"截至 2008 年底，淮南市采煤沉陷区分布在一县五区，涉及 25 个乡镇（街道）。因采煤形成了大面积塌陷区累计达 18.08 万亩，其中淮南矿业集团 15.6 万亩，国投新集公司 2.48 万亩，占全市总面积的 4.64%，耕地面积占到 80% 以上。"[1] 而另据资料显示"截至 2010 年 10 月底，全市采煤塌陷区面积约 26.06 万亩，占全市总面积的 6.7%。"先前预计的是，全市采煤塌陷是以每年约 1.8～2.5 万亩的速度沉陷。[2] 但从上述数据来看，2008 年至 2010

〔1〕 "塌陷区上的田园风光"，载中国国土资源网，http：//www.clr.cn/front/read/read.asp? ID＝165424，最后访问日期：2012 年 9 月 13 日。

〔2〕 中国人民政治协商会议淮南市委员会十三届五次会议第 7 号提案："对采煤沉陷区综合治理的建议"，载 http：//zx.huainan.gov.cn/zxta/tayx/201203/425.html，最后访问日期：2012 年 9 月 14 日。

年 9 月不到两年的时间，全市塌陷面积增加了近 8 万亩，也就是平均每年 4 万亩。

表 1　淮南市采煤塌陷分布面积统计表[1]

行政区划	塌陷区名称	涉及矿井简称	塌陷面积（km²）
大通区	九大塌陷区	九龙岗、大通	13.52
谢家集区	谢李塌陷区	谢一、谢二、李一、李二	20.01
八公山区	新李塌陷区	新庄孜、李嘴孜、孔集	23.62
潘集区	潘集塌陷区	潘一、潘二、潘三	40.75
凤台县	张谢塌陷区	张集、谢桥	17.93
毛集试验区	新集塌陷区	新集、花家湖、八里堂	16.99

从上表统计可以看出，全市所有区县都在遭受塌陷之苦，其中以潘集区最为严重。

据统计，"2010 年 10 月底，在全市采煤塌陷区域中耕地约占 80%，塌陷区受损居民 31.1 万人，近 10 万劳动力无地可耕。到 2020 年，全市塌陷区总面积将达到 55.362 万亩，塌陷区受损居民达 60 万人，失地劳动力达 20 多万人。由于缺乏就业和社会保障资金和优惠政策，导致失地农民就业压力大。"[2] 其中受灾较为严重的潘集区截至 2010 年底塌陷区面积将达到 6.5 万余亩，占全区耕地总面积的近 1/5；涉及受灾需搬迁人口达到 8.1 万余人，占全区

---

〔1〕 本表根据调研过程中淮南市采煤沉陷办提供的相关报告整理得出，由于统计方式不同，在塌陷面积上可能与总体有所出入，但差别不大。

〔2〕 中国人民政治协商会议淮南市委员会十三届五次会议致公党第 7 号提案："对采煤沉陷区综合治理的建议"，载 http://zx.huainan.gov.cn/zxta/tayx/201203/425.html，最后访问日期：2012 年 9 月 14 日。

农村总人口近 1/4。[1] 除了对耕地和人民生命财产造成严重威胁外,还对当地基础设施等造成严重损害。据统计截至 2009 年底,全市因采煤塌陷原因受损学校 48 所,占地面积 50.4 万平方米,建筑面积 8.6 万平方米;受损医院 40 所,占地面积 32 万平方米,建筑面积 35 万平方米;受损中小企业 915 户,建筑面积 1339 万平方米;受损道路 130 公里,桥梁 1560 座,供电电线 610 千米,通讯线路 234 千米;受损河流水面 1300 公顷。[2]

有资料显示:"最终,淮南市塌陷面积将达 682.8 平方公里,塌陷区蓄水容积可达 101 亿立方米,积水面积比浙江千岛湖还大。"[3] 也就是说目前淮南市采煤活动相当于在人造一个千岛湖,这种情景既代表了淮南市煤炭工业的发达,也更反映出这种发达背后人类对生态环境损坏的严重程度。积水和土地的流失往往相伴而生,目前已经成为淮南市因采煤造成生态环境损坏的主要形态。其中土地的流失在上述文献数据中已有反映,这里不再赘述。除此之外,水环境的严重污染也使得采煤塌陷产生的危害雪上加霜。淮南的矿井水含有大量悬浮物,有的甚至含有有毒元素。据统计:"淮南矿井水年排放量为 16 660.75 万吨。矿井水中总固体含量为 500 ~ 800g/L,COD 高达 110.66mg/L,大肠菌数最高达 238 000 个/L。"[4]

---

〔1〕 淮南市委政研室:"安居与乐业并举,治理同发展共进——采煤沉陷区治理‘潘集经验’引发的思考",载《淮南市委政研室呈阅件》2010 第 19 期。

〔2〕 参见中国人民政治协商会议淮南市委员会十三届五次会议致公党第 7 号提案:"对采煤沉陷区综合治理的建议",载 http://zx. huainan. gov. cn/zxta/tayx/201203/425. html,最后访问日期:2012 年 9 月 14 日。

〔3〕 "塌陷区水患咋整治",载中国在线网,http://gocheck. cn/single/admin/checkreport/checkReportAction! detailWebHighlight. action? dectResultId = bcda79183d274652a2a1ef f08dab1774,最后访问日期:2013 年 3 月 26 日。

〔4〕 王振红、桂和荣、罗专溪、袁文华:"采煤塌陷塘浮游生物对矿区生态变化的响应",载《中国环境科学》2005 年第 1 期。

（二）淮南市采煤塌陷区生态修复的主要模式和成功案例

淮南市积极采取各种途径探索采煤塌陷区生态环境的修复。形成了具有全国推广意义的几个重要的采煤塌陷区生态修复模式。

第一，"泉大模式"，即将采煤塌陷区的生态修复同城市绿化以及宜居城市建设相结合。"泉大模式"是淮南市泉大采煤塌陷区生态修复与利用项目的主要成果，地处淮南市市区东部。早在三十多年前，泉大地区的矿区就已经被废弃，由于诸多原因，该地区的采煤塌陷已经多年无人问津，形成了城市废弃地和荒地，造成了土地资源的严重浪费。自2007年以来，淮南矿业集团公司投资进行了泉大地区的采煤塌陷区生态修复治理工程。经过多年整治，现在已经成为"山、水、林、居"的城市生态区，重新焕发了该地区的生机和活力。使得城市生态系统平衡状态得以恢复或重建，同时"泉大模式"中治理项目还惠及了25万居民，使他们的生产和生活面貌发生巨大改变，形成了资源开发城市发展模式转型与采煤塌陷区生态修复相结合的成功经验。据统计，"泉大模式"生态修复工程总投入将达到100亿元。[1]

第二，"后湖模式"，即把采煤塌陷区的生态修复项目同当地农业产业结构调整相结合。"2009年以政府为主要资金投入方的淮南市泥河塌陷区生态发展农业合作社，在后湖村成立。合作社主要负责经营管理治理后的塌陷区。经过村民代表大会讨论，在自愿的基础上，农户以塌陷在水下的土地入股，成为合作社社员（股东）。形成了'公司+合作社+农户'经营管理模式，后湖村总共有212户村民入股。该模式总计谋划了21个投资达2.3亿元的项目，以此为平台，筹集资金2300多万元，包括项目资金、招商引资、农民投资投劳、政府财政支持等。还先后争取到了国家煤矿塌陷地复

---

〔1〕 "'泉大模式'让城市荒地变'新区'"，载淮南煤炭市场网，http：//www. 0554coal. com/DocHtml/2010/11/26/724857873388. html，最后访问日期：2012年9月14日。

垦项目、农业开发土地复垦项目、土地置换项目以及市级土地复垦
项目。"[1]

第三，把采煤塌陷区生态修复同发展三产相结合的"鑫森模
式"。"淮南市鑫森物流园位于谢家集区望峰岗镇境内，园区鑫森商
贸有限责任公司从 2007 年开始即先后投资 3200 万元，对 200 亩采
煤塌陷区废弃地进行回填、平整、绿化和生态修复，规划建设了集
办公、仓储、物流配送、信息服务等为一体的现代商贸物流新型园
区。2008 年上半年至今已建成 3 万平方米的生活资料仓库，先后有
80 多余品牌食品、家电、日化小商品相继入驻园区，物流仓储贸
易覆盖皖西北 5 市 7 县，实现年营业收入 1200 万元，年利税 200 万
元，带动本地区采煤塌陷区失地农民 2000 余人就业，形成了皖西
北最大的再生资源集散中心。"[2]该模式表明吸引社会资本的投入
不仅能够实现采煤塌陷区生态系统平衡的快速修复，更主要的是使
得社会可持续发展能力获得更加直接有效的修复。社会资本的广泛
和大规模投入是采煤塌陷区生态修复社会目标实现的一个有效途
径，同时也是促进生态修复义务公平分配的重要模式。

第四，以采煤塌陷区为主体建立生态旅游风景区的"迪沟模
式"。"位于迪沟生态旅游风景区东南部的迪沟生态园，建于 2001
年 11 月。迪沟生态园主要利用安徽淮南矿业集团谢桥矿沉陷区杨
庄村的旧沟塘、旧宅基地等进行开发建设，是一个集生态旅游、环
保科教于一体的生态园林。目前，这里既是安徽省十大旅游休闲基
地之一，也是国家 AAAA 级风景区。至 2002 年迪沟镇建成了集住
宅、商贸、生态旅游于一体，以采煤沉陷搬迁安置为主体的现代化

〔1〕 "'后湖模式'托起希望——淮南探索采煤沉陷区治理新路"，载中安在
线——安徽日报，http：//ah. anhuinews. com/system/2009/12/04/002467840. shtml，最后
访问日期：2012 年 9 月 14 日。

〔2〕 淮南市采煤沉陷区综合治理办公室："把生态修复同发展三产相结合的'鑫森
模式'"，载 http：//www. hnczb. gov. cn/news_ 01. aspx？o = 5&t = 26&i = 149，最后访问
日期：2012 年 9 月 14 日。

新城镇，'迪沟模式'由此产生。"〔1〕该模式也表明采煤塌陷区治理的最终效果是实现了当地社会经济的发展，将城镇化建设同采煤塌陷区生态修复相结合是实现这一现实目标的有效路径之一。

从上述四种具有代表性的采煤塌陷区生态修复模式可以看出，一方面淮南市采煤塌陷区生态环境的治理是以人为修复工程为主体措施，通过恢复原有自然环境面貌或重建适宜社会经济发展的生态环境为具体实施手段，达到修复当地生态与环境并使之适应社会经济发展需求的过程。这一过程突显了生态修复对生态环境本身的保护与持续利用以及对人类社会发展的促进作用，也彰显了实施生态修复的根本目的在于人。需要指出的是，上述四种模式无一例外地反映了一个重要问题，即生态环境的好坏不是以生态的或环境自身好坏为评判标准，而是以是否最终能够实现生态环境承载下的人类社会可持续发展为根本判断标准。因此，采煤塌陷区实施生态修复的根本意义也即在于促进当地人类社会经济的可持续发展。这些实例再次表明上述关于生态修复双重目的或作用概念表述的准确性。另一方面，采煤塌陷区生态修复实践在现实生活中是可行的，并且是超脱于土地复垦方式之外的一种全新的、包括人类社会治理在内的生态系统平衡修复工程。这种工程模式不仅仅使得生态环境的改造朝向有利于人类社会可持续发展能力修复的方向，更在于使当地人民本身获得了应有的生存和发展权。这不仅为研究典型地区采煤塌陷区生态修复法律机制现状提供了充分理由，更用事实说明了典型采煤塌陷区政策和制度的设计有其代表意义和现实可行性。

（三）淮南市采煤塌陷区生态修复法律制度考察

淮南市长期进行采煤塌陷区的生态环境综合治理工作，目前已经形成以生态修复为目的且较为成熟的机制。不仅在综合治理的制度建设上，而且在管理体制建设、资金的运作以及法制建设方面都

---

〔1〕 "中国煤炭报：一个小镇的沉陷治理模式"，载淮南矿业网，http：//www. hnmine. com/html/news/MediaFocus/7053. html，最后访问日期：2012 年 10 月 17 日。

取得了一定的成果。

1. 淮南市采煤塌陷区综合治理制度

淮南市采煤塌陷区综合治理制度主要包括两个主要方面目标：一是生态环境本身的治理和修复；二是塌陷区居民的搬迁安置工作以及实现全市社会经济的可持续发展。针对这两个方面的主要目标，淮南市形成了包括采煤塌陷区土地综合整治制度、采煤塌陷区生态修复规划制度以及搬迁安置等制度在内的淮南市采煤塌陷区综合治理制度。

（1）采煤塌陷区土地综合整治制度。在土地的复垦治理上，淮南市根据有关法律法规，在治理沉陷地的过程中具体情况具体对待。对未稳沉的沉陷地，一方面对重要建（构）筑物采用留设保护煤柱的方法，确保其不受开采损害；另一方面，对沉陷区内受损的路、渠、输（供）电线路等构筑物及时改造或维修加固，保障其使用功能。对已基本稳沉的沉陷地，采取不同方式进行复垦治理。在土地综合整治规划制度上，淮南市制定了《安徽省淮南市采煤塌陷区土地综合整治规划（2009～2020年）》。该规划要求在规划期内（2009～2020年），以采煤塌陷区土地综合治理为主线，结合煤炭资源开发、土地总体利用、矿山地质环境治理、城乡一体化、社会主义新农村建设等规划，因地制宜地运用先进的生态工程和生物技术措施，将塌陷区重建成物质、能量和信息良性循环的生态景观系统，探索具有淮南特色的塌陷区综合整治模式，以实现塌陷区生态经济系统的良性循环，促进塌陷区域社会经济持续发展。

（2）采煤塌陷区生态修复规划制度。淮南市根据安徽省相关政策科学编制了《采煤塌陷区土地综合整治规划（2009～2020年）》，实行"田、水、路、林、村"综合治理。目前，淮南市共有《淮南市西部沉陷区生态治理规划（2010～2025年）》、《淮南市城乡一体化规划（2009～2020年）》、《淮南市矿山地质环境保护规划（2009～2020年）》、《淮河潘谢矿区蓄洪与水源工程规划》等十余部涉及采煤塌陷区生态修复的规划，已经形成较为完整的采煤塌陷区生态修复规划制度体系。

（3）采煤塌陷区搬迁安置制度。淮南市采煤塌陷区搬迁安置制度是淮南市采煤塌陷区生态修复制度重要组成部分。塌陷区居民的生命财产时刻受到或将要受到采煤塌陷产生的地质灾害威胁。针对这一问题，安徽省相继颁布了一系列法律法规，并及时制定了相应的塌陷区居民搬迁安置政策。基于此，淮南市也适时制定了相应制度，首先，通过立法确定了淮南市采煤塌陷区农村集体土地居民补偿搬迁安置制度，就农民土地补偿等做了相应制度安排，建立了市一级的补偿安置制度。在企业的补偿搬迁安置制度上，淮南市矿业集团各个矿区也制定了相应的补偿办法。由此，淮南市地矿两级搬迁安置补偿制度逐步建立。其次，在采煤塌陷区居民搬迁安置的工程和资金投入上，淮南市制定了《淮南市 2010～2015 年采煤沉陷区村庄搬迁计划》，并确立了“先搬后采”的基本原则。最后，在搬迁居民的社会保障问题上，一方面实施采煤塌陷区农民培训就业援助行动，对失地农民进行就业培训[1]；另一方面则“将村庄搬迁工程建设列入市级民生工程，建立发展专项资金统筹用于塌陷区综合治理。”[2] 此外，淮南市在搬迁安置相关补偿制度上为了遏制长期以来采煤塌陷区搬迁抢建现象，还确立了“以人口补偿为原则，据实补偿为补充”的补偿方式和相应制度。

2. 淮南市采煤塌陷区生态修复管理体制

目前，淮南市在采煤塌陷区的综合治理上实行市矿统筹管理模式，因此在采煤塌陷区生态环境保护过程中也是各自既相互独立又相互协调的。

在淮南市采煤塌陷区搬迁安置工作中，淮南市实施市矿统筹管理，涉及市矿之间的重大事项市矿领导将进行沟通协调。特别是在

---

〔1〕 “特别的关爱给特别的你”，淮南报业新闻网，载 http：//www.hnbynews.com/content.asp？id＝35521，最后访问日期：2013 年 3 月 26 日。

〔2〕 “我市采煤塌陷区综合治理成效明显”，载淮南报业新闻网，http：//www.hnbynews.com/content.asp？id＝34179，最后访问日期：2013 年 3 月 26 日。

搬迁安置工作中市矿每月都定期组织一次市矿协调会，对管理问题进行有效沟通和协调。由此可见，在采煤塌陷区生态修复管理体制中存在两个主体，并且这两个主体间既存在一定的协调合作的机制也相互独立。但在采煤塌陷区生态修复搬迁安置具体工作中，淮南市政府还是主要责任主体。2009 年淮南市制定并颁布实施的《采煤沉陷区环境综合治理机制》中即明确了"各级政府是村庄搬迁及综合治理的责任主体"。这就是说在搬迁安置工作中管理主体以市政府为主，矿业企业予以配合，二者相互协作。

在采煤塌陷区综合治理的管理工作中，2009 年淮南市政府即成立了淮南市采煤塌陷区生态修复领导小组，并组建淮南市采煤塌陷区生态修复办公室负责统筹全市的采煤塌陷区综合治理工作。以此为基础，2009 年以来淮南市各有关县、区也相应成立采煤塌陷区生态修复办公室负责本辖区内的采煤塌陷区生态修复工作。因此，淮南市已经形成了从市到县的完整管理体制。与之相对应，淮南矿业集团也成立了淮南矿业集团老矿区事务管理处对于历史遗留的采煤塌陷区有关事务进行管理。此外，淮南矿业集团也有相应的资源与环境管理部门对采煤塌陷区工作进行相应管理。

在采煤塌陷区生态修复具体工程的实施中，市矿之间既相互分工管理又相互协作。例如上述"泉大模式"中，淮南矿业集团是生态修复工程的实施和管理主体，而在"后湖模式"中淮南市政府是生态修复工程的实施和管理主体。但是在"迪沟模式"中淮南市政府与淮南矿业集团又相互协作，统筹实施和管理相关工程。

3. 淮南市采煤塌陷区生态修复资金状况

总的来说，目前淮南市采煤塌陷区生态修复资金主要类型包括政府直接投入资金、国家政策项目支持资金和财政补贴、救灾应急安置资金、矿业企业的资金投入以及外资。"截至 2010 年 9 月底，淮南市共建立塌陷区搬迁居民安置点 57 个，搬迁居民 28.7 万人；投入修复资金 27.5 亿元，实施环境修复项目 133 个，使 60 万居民受益。"[1] 淮南市还实施了采煤塌陷区农民培训就业援助行动，政府计划投入达 6000 万元。[2] 2010 年淮南市政府投入资金 2000 余万元专项落实相关政策，同时还筹措资金 2030 万元用于塌陷区群众的应急安置以确保群众安全度汛、过冬。[3] 此外在采煤塌陷区生态修复项目建设上还投入了大量的资金，这里包括上述"泉大模式"、"后湖模式"的资金投入等项目工程的投入。矿业企业对于淮南市采煤塌陷区生态修复资金的投入也是巨大的。目前，"淮南市、县区每年可用财力的 1% 以上资金用于生态修复，而同时采煤企业也按相应比例进行配套并建立了采煤塌陷区综合治理发展专项资金。"[4] 此外，更为值得一提的是，淮南市在采煤塌陷区生态修复资金筹措上积极争取外资，2012 年《安徽淮南采煤塌陷区综合治理项目》获得世行 1 亿美元支持，该项目资金主要用于采煤塌陷区生态修复、公共基础设施建设和农业生产基础建设等。[5]

4. 淮南市采煤塌陷区生态修复法制建设

淮南市拥有地方立法权，法制建设具有先天优势。正基于此，淮南市采煤塌陷区生态修复法制建设已经取得一定成果，正在形成由中央、省再到地方的三级法制建设体系。淮南市采煤塌陷区生态修复法制建设具有重要的参考和研究价值。

（1）全国性的法律法规依据。目前，涉及矿区土地复垦、生态

〔1〕 淮南市创造性开展采煤沉陷区综合治理工作，载网易新闻，http：//news. 163. com/10/1222/16/6OH7BKK000014JB6. html，最后访问日期：2010 年 10 月 17 日。

〔2〕 "特别的关爱给特别的你"，载淮南报业新闻网，http：//www. hnbynews. com/ content. asp？id = 35521，最后访问日期：2013 年 3 月 26 日。

〔3〕 "淮南采煤塌陷区综合治理成效明显"，载中安在线网，http：//ah. anhuinews. com/ system/2010/12/21/003583998. shtml，最后访问日期：2013 年 3 月 26 日。

〔4〕 参见淮南市人民政府 2010 年 10 月 22 日公布的"全面推进采煤塌陷区村庄搬迁及综合治理"工作报告。

〔5〕 "淮南又一重大外资项目正式获批"，载中国新闻网，http：//www. chinadaily. com. cn/hqgj/jryw/2012 - 08 - 02/content_ 6616076. html，最后访问日期：2012 年 10 月 17 日。

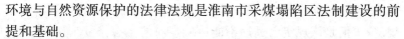

环境与自然资源保护的法律法规是淮南市采煤塌陷区法制建设的前提和基础。

在土地复垦制度建设方面，1996年我国修订并颁布了《矿产资源法》，该法明确了探矿权人及采矿权人的权利和义务，同时也对矿产资源的开发与保护进行了较为完整的规定。该法不仅规定了采矿权人矿区规划制度，还对矿产资源的开采以及矿区环境保护进行了概况性规定，如第四章第32条："开采矿产资源，必须遵守有关环境保护的法律规定，防止污染环境。开采矿产资源，应当节约用地。耕地、草原、林地因采矿受到破坏的，矿山企业应当因地制宜地采取复垦利用、植树种草或者其他利用措施。开采矿产资源给他人生产、生活造成损失的，应当负责赔偿，并采取必要的补救措施。"该条可以说是我国矿区以土地复垦制度为基础的生态修复制度最基本的法律依据。该条还规定了矿产资源开发赔偿和补救制度，为采煤塌陷区生态修复赔偿和补偿制度的确立提供了法律依据。2004年修订并颁布的《土地管理法》也明确规定了土地复垦制度。该法第42条对因塌陷产生的土地复垦权利义务关系进行了明确规定，同时规定了复垦的土地应优先用于农业。《土地管理法》还对土地征收补偿等问题进行了严格细致规定。此外，2011年国家还颁布了《土地复垦条例》对土地复垦制度进行了更为明确细致的规定。

在矿产资源的有偿使用和补偿制度建设方面，我国除了颁布《矿产资源法》、《土地管理法》等法律，对矿产资源开发补偿与土地补偿制度进行严格规定外，还通过《资源税暂行条例》（1993）、《矿产资源补偿费征收管理规定》（1994）、《矿产资源法实施细则》（1994）等法规对矿产资源的有偿使用制度进行了明确规定，确立了矿产资源开发补偿法律关系。

在矿区环境保护制度建设方面，诸如《环境保护法》及其相关法律是当前矿区环境保护的基本法律依据。但是在法规或规章层面矿区环境保护没有建立相应的全国性的矿区环境保护法律制度。虽然1990年当时的化工部颁布了一部《化学工业环境保护管理暂行规定》，但是该规定已远远不能适应当前的生态修复工作的需要。此外，我国的《矿产资源法》及其细则、《环境保护法》（1989）、《建设项目环境保护管理条例》（1998）、《环境影响评价法》（2002）、《规划环境影响评价条例》（2009）等法律法规都对矿区建设环境影响评价制度、矿区环境保护规划制度以及设施建设管理制度等进行了一定规定，是矿区生态修复规划和影响评价法律制度建设的重要法律依据。

（2）省级地方法制建设。在省一级的法规建设层面，安徽省先后颁布《实施〈中华人民共和国土地管理法〉办法》、《耕地开垦费征收和使用管理实施细则》、《耕地占用税实施办法》以及《土地整理复垦开发项目管理办法》对矿区土地复垦制度进行了规定。在矿区环境保护方面，安徽省有《矿山地质环境保护条例》、《矿山地质环境治理恢复保证金管理办法》等地方性法规，对矿山的环境保护以及相关资金的保障等制度进行了规定。此外，在塌陷区居民的搬迁安置法律制度建设方面，安徽省也较为重视，先后颁布了《省人民政府办公厅关于进一步做好采煤沉陷区居民搬迁安置补偿工作的通知》、《关于2009年皖北五市采煤塌陷区村庄搬迁应急工程先行用地有关问题的通知》以及《关于印发〈2009年采煤塌陷区村庄搬迁应急工程方案〉的通知》等法规性文件。这些文件是淮南市采煤塌陷区搬迁安置法律制度建立的法律依据和基础，也是具有较大立法借鉴意义的法律文件。

（3）淮南市一级的地方法制建设。淮南市充分利用地方立法权，根据地方实际需要先后制定了多个采煤塌陷区生态修复相关地方性法规。除先后颁布和实施执行国家及省级相关法律法规的法规性文件外，淮南市人大还于2003年颁布了《淮南市采煤塌陷地治理条例》。该条例是一部专门规定采煤塌陷区生态修复相关问题的地方性法规，也是全国最早的由市一级人大制定并颁布，专门规定塌陷区治理的地方性法规。该法规目前还在不断完善和修改中，

2012 年该条例完成了新的修改稿，现正在提交市人大审议中。在资金运作法制建设上，淮南市政府为规范发展采煤塌陷区生态修复专项资金的使用和管理，切实提高资金使用效益，于 2012 年制定并颁布了《淮南市采煤塌陷区综合治理发展专项资金使用管理暂行办法》。

在搬迁安置法制建设上，淮南市政府为切实做好采煤塌陷区居民搬迁安置补偿工作，确保塌陷区群众生命财产安全，促进采煤企业和地方经济共同发展，在 2011 年颁布并实施了《淮南市采煤塌陷区农村集体土地居民搬迁安置补偿暂行办法》。该办法不仅对补偿标准和计算方式进行了详细规定，还对搬迁安置工程建设标准以及搬迁安置程序等问题进行了较为细致的规定。该办法实际上为采煤塌陷区生态修复工作的社会标准的制定提供了法制保障和完善基础。

此外，淮南市还多次在相关政府文件中对采煤塌陷区综合治理工作进行了详细的规划和管理体制方面的规定。其中采煤塌陷区生态修复规划已经纳入淮南市城市发展规划当中，并成为淮南市政府每年关注的工作重点。

（4）淮南矿业集团的有关规定。为配合淮南市政府采煤塌陷区生态修复法制建设工作，淮南矿业集团还对搬迁安置工作、土地复垦和补偿等工作进行了一些规定，并颁布了一些具有企业内部约束力的政策性文件。例如，为加强采煤塌陷搬迁补偿管理，实现搬迁安置工作的制度化、规范化、程序化，淮南矿业集团下属的李一煤矿制定了《李一煤矿采煤塌陷征地搬迁及损失补偿管理办法》，对煤矿企业搬迁安置的管理体制、补偿方式、程序和相关标准等问题进行了详细规定。还有矿业集团为协调煤矿与当地居民的矛盾，一些煤矿建立了颇具特色的协调措施并制定了相应规定，如由李一矿、李郢孜镇、李一物业处、李郢孜派出所联合制定的《关于建立李郢孜地区政企稳定工作联席会制度的意见》。

总之，从目前淮南市采煤塌陷区的工作来看，虽然在很多正式的文件和法规条文的用语上较多出现的是"综合治理"的字样，但是其生态环境机制建设的雏形已经显现。在近年，特别是 2011 年之后的文件和法规条文中都较多地使用了生态恢复、生态修复或环境修复这些概念，足以表明淮南市在采煤塌陷区工作中是在不断地认识深化中有所创新的。这些创新首先是建立在实践总结的基础上，对生态恢复与生态修复技术与理论知识的不断比较，做出的最适合淮南市社会经济建设实践的建设道路选择。其次，这些创新实践不断融入最新的理论成果，包括法治建设的最新理论，将生态修复技术和理论知识进行升华并按照采煤塌陷区生态修复机制完善要求一步步进行制度构建。

三、启发：从应对气候变化角度看待采煤塌陷区生态修复

采煤塌陷区生态修复工程及其相关制度建设的实践表明，以自然与社会双重修复为目标和手段的生态修复实践的可操作性和现实基础。与较为复杂且涉及国家深层次经济利益的碳金融等应对气候变化手段不同，与自然为善、为伍的生态修复实践不仅是一种国内社会经济发展调整的机遇，更是一种直接的生态文明建设手段。

首先，生态修复很大程度上是一种国内的生态系统恢复或改造工程。摆脱纠缠不清、难以形成全球范围的碳金融市场建设等一系列需要国际间通力合作的应对气候变化手段，生态修复仅仅需要国内经济的支持和关注，甚至是一个地级市或企业就能够实现一定范围内的生态系统平衡的恢复或重建。并且其实际效果立竿见影，例如采煤塌陷区生态修复的成果，原有的生态系统平衡得以恢复或重建，塌陷的土地得以复垦，塌陷的水面可以重建渔业生态系统，湿地则得以有效保全形成可供观赏的湿地公园等。这些工程项目的效果也可以被深切感受到，只要你身入其间就能够感觉到生态环境改善带来的巨大生活差异，这不是其他应对气候变化手段可以直接做到的。节能减排再有战略眼光也不能带来塌陷区生态环境的迅速改变，清洁能源技术再好也不能直接弥补受损的生态系统平衡。这就是生态修复存在的实际价值和重要社会实践作用。

其次，生态修复法律制度建设实践是在现有成熟制度基础上的再归纳和再建设。与建立一整套包括碳交易在内的应对气候变化法律制度不同，生态修复不完全是一种法制空白的填补。应对气候变化法律制度体系的建立无论是从法的完善还是法的移植来说都是一项艰巨的法制建设任务。从国际范围来看，虽然国家单独立法的模式在英国等发达国家已经存在，并且在一些发展中国家也有这种单独立法的行动，但是，由于法的移植具有其局限性，许多制度的借鉴需要符合国情，甚至需要进行根本性的制度改造或者再造；同时国际法的转化适用也是需要以国家利益的实现为最高标准，一些国际义务的转化不是法制本身所能够达到的，因此许多在其他国家可以适用的法律制度在中国就有可能水土不服，就不能使用。基于法律制度建设的种种瓶颈，更广泛的社会调研是必须的，了解中国的实际国情、了解最广大人民需要什么这才是应对气候变化法律制度建设优先解决的问题。与应对气候变化立法在较多法制建设空白基础上进行较大的创建工作不同，生态修复法律制度具有良好的国内立法基础和群众基础：一方面以《土地复垦条例》为代表的生态修复性质的法律制度体系已经颁布实施多年，许多地方性的法律法规建设也较为完整。一些地方甚至出现了专门的生态修复规划性质或生态修复建设性质的地方法律文件。这些都为全国性生态修复制度的形成提供了实践的试点和制度建设基础。另一方面，包括采煤塌陷区生态修复法律制度在内的多项生态修复制度体系已经深入开展多年，成果颇丰，法制的实际效果已经为地方群众所接受，法治观念已经逐渐深入人心。百姓对这种制度可以改善他们实际生活有切身感受，这是法治争取民心、深入民心的关键。法治民主化，是中国国情下法律制度建设应当达到的基本标准，也是防止一部部法律文件颁布之后难以与民众习惯相融的最基本要求。要使得其他有利于民众的应对气候变化制度为民众所理解，就必须像生态修复法律制度那样进行广泛的地方建设实践和试点。因此，生态修复法律制度的存在不仅是应对气候变化法律制度建设的"亲民举措"，更是一种“惠民实业”。

第三节　其他领域的生态修复实践

“以自然应对自然”的关键在于最大限度发挥自然的自我调节和平衡功能，为人类抗御气候变化的不利影响提供主要的措施和能量。自然界生态系统平衡的维护需要人类通过技术手段加以促进，需要人们主动偿还自然流失的自我平衡能量。生态修复实践就是基于这种目的，而被人们广泛应用于森林、水资源以及土壤和矿产资源开发等领域的。上文在主要介绍土壤以及矿产资源开发生态修复实践之后，本节主要选取我国较为有代表性的其他领域生态修复实践进行研究并总结其相应可资借鉴的经验。同时也可以视为是对生态修复实践基础即生态修复法制化实践可行性论据的丰富。

一、我国森林生态修复实践

森林是地球“绿肺”，也是地球气候调节的重要自然功能区域。应对气候变化，森林的保护与修复是重中之重。不论是对二氧化碳的控制还是天气的调节，森林都可以发挥其关键作用。据中国林科院 2009 年清查结果和森林生态定位监测结果评估显示：“我国森林植被总碳储量达到了 78.11 亿吨。森林生态系统年涵养水源量达到 4947.66 亿立方米，年固土量达到 70.35 亿吨，年保肥量达到 3.64 亿吨，年吸收大气污染物量达到 0.32 亿吨，年滞尘量达到 50.01 亿吨。仅固碳释氧、涵养水源、保育土壤、净化大气环境、积累营养物质及生物多样性保护等六项生态服务功能年价值达 10.01 万亿元。”[1] 可见加强森林资源的保护、对森林进行生态修复，对于我国应对气候变化战略具有极大的实际作用。

---

〔1〕“我国森林覆盖率逾 20%”，载中国科学院网，http：//www.cas.cn/xw/kjsm/gndt/200911/t20091118_ 2660517. shtml，最后访问日期：2013 年 8 月 22 日。

（一）大兴安岭森林生态修复实践

大兴安岭是中国最北、面积最大的现代化国有林区，总面积达到 8.46 万平方公里。大兴安岭是我国重点国有林区，有林地面积 67 840 平方公里，森林覆盖率 81.23%，活立木蓄积 5.38 亿立方米，是国家生态安全重要保障区和木材资源战略储备基地，每年仅制氧纳碳、涵养水源、吸收二氧化硫、滞尘和杀菌等生态服务价值就达 1940 亿元[1]，是我国重要的林业基地。但长期以来，大兴安岭地区由于社会经济发展的需要，森林植被受到很大损害。目前，经过四十多年的森林生态修复建设，大兴安岭地区森林覆盖率得到很大提高，植被得以恢复，生态系统平衡得以修复，社会经济效益得以显现。当地政府通过制定减产政策、林地用途管制政策以及加强法制建设，为该地生态修复工程提供了坚实的制度保障；同时，该地区还建立新型的景观林区，将花园式林区建设同当地的城镇化建设等工程相结合，进行了生态型花园式新林区建设，当地森林生态修复社会效果显著。截至 2012 年年底，森林面积、活立木蓄积和森林覆盖率分别达到 678.4 万公顷、5.38 亿立方米、81.23%，分别比天保工程实施前增加 29.9 万公顷、2600 万立方米，提高 3.58 个百分点；林地面积由 2011 年的 799.33 万公顷增加到现在的 799.69 万公顷，大兴安岭林区森林资源实现"四增长"。14 年间，累计创造生态价值 2.7 万亿元，是天保工程一期国家投入的 276.6 倍。[2]

（二）福建省福贡县的森林生态修复

福建省福贡县是全省林业重点县之一，境内森林资源丰富。全县活立木总蓄积 3432.54 万立方米，森林覆盖率 76.6%。福贡县因地制宜开展生态修复工程，经过多年努力，取得显著成效。森林的

---

〔1〕 "兴安概况"，载大兴安岭地区行政公署网，http://www.dxal.gov.cn/zjxa/index! xingangaikuang. action，最后访问日期：2013 年 8 月 22 日。

〔2〕 闫捍江、关立民、李星华："大兴安岭森林资源实现四增长"，载《黑龙江经济报》2013 年 3 月 8 日，第 A02 版。

生态、社会、经济效益凸显出来，为福贡县经济社会发展提供了生态保障。从森林生态修复的生态效益来看，当地通过人工造林技术，进行植树造林，"十一五"期间，累计完成退耕还林 1.4 万亩、荒山荒地造林 3 万亩、封山育林 2 万亩，成果初现。从社会经济效益来看，在植树造林过程中，地方政府通过政策引导，鼓励并支持当地山区居民广泛种植经济作物，林产业建设初具规模，成效逐年显现，拓宽了农民增收渠道，增加了农民收入，实现了森林生态修复的社会意义。同时，为了引导民众使用清洁能源，发展低碳经济，减少森林资源消耗，保护生态环境，当地政府还进行农村能源建设，目前，累计建设完成沼气池 1679 口、节柴（能）灶 3184 眼，有效保护了森林资源，改善了生态环境，降低了资源消耗，美化了家园。[1] 这一措施为保持生态修复功效的长期性提供了有利条件。

（三）森林生态修复经验小结

虽然，典型的大规模森林生态修复工程在我国较少，但是类似生态修复理念的退耕还林工程、植树造林工程等较为多见，并且在许多地方有所开展，一些地区甚至已经形成相关的制度和规模化产业链。然而，进行森林生态修复的最终目的并不是这些简单的退耕还林工程或植树造林等工程所能够达到的。生态修复本身就是一个集自然与社会修复双重目的的社会发展工程。不论是自然的目的或手段还是社会经济发展的措施选择都必须实现人类社会最终的可持续发展。以上两个例子中都反映了生态修复这一作用，不论是大兴安岭地区的森林植被恢复与城镇化以及当地经济建设发展相结合的生态修复模式，还是福建省将生态修复与当地民众经济水平的提高相结合的模式，都显示出生态修复的社会和经济目的。并且这种人为的实践工程从实施到收到成效，都离不开政府的支持引导和制度

---

〔1〕 "福贡：'生态修复'构筑绿色生态屏障"，载云南网，http：//yn. yunnan. cn/ nj/html/2011－07/19/content_ 1727841. htm，最后访问日期：2013 年 8 月 22 日。

建设保障。同时，资金的投入也是生态修复得以成功的关键性问题。

二、我国水生态修复实践

我国是一个中度缺水的国家，"据统计，2004 年中国人均拥有水资源 2220m³。仇保兴说，中国水资源总体偏少。在全球范围内，中国现在属于轻度缺水国家。2030 年中国人口将达到 16 亿，与此同时中国也将迎来缺水高峰，人均水资源占有量将为 1760m³，中国将进入联合国有关组织所确定的中度缺水国家行列"[1]。根据水利部 2011 年水资源公报显示："2011 年全国总用水量 6107.2 亿m³。生活用水 789.9 亿 m³，占总用水量的 12.9%；工业用水 1461.8 亿 m³（其中直流火＜核＞电用水量为 437.5 亿 m³），占总用水量的 23.9%；农业用水 3743.5 亿 m³，占总用水量的 61.3%；生态环境补水 111.9 亿 m³，……占总用水量的 1.9%。与 2010 年比较，全国总用水量增加 85.2 亿 m³，其中生活用水增加 24.1 亿 m³，工业用水增加 14.5 亿 m³，农业用水增加 54.5 亿 m³，生态环境补水减少 7.9 亿 m³。"[2] 从我国水资源公报可以看出，在用水总量居高不下的同时，生态环境补水量却在大幅度下降，尽快实施全国范围内有效的水生态修复刻不容缓。

目前，虽然全国性的水生态修复工程或规划尚未成型，但与生态修复相关的水生态环境综合整治、生态环境补水工程、水生态恢复工程、水土保持工程以及水环境治理工作正在各地有序开展。总体来看，"我国河流生态修复起步较晚，目前仍处于探索阶段。科研上，在水体修复的生态工程方法、河流生态恢复模型的研究、河

---

〔1〕 "2030 年中国将进入缺水高峰 属中度缺水国家"，载中国新闻网，http：//www.chinanews.com/news/2005/2005 – 06 – 08/26/583813.shtml，最后访问日期：2013 年 8 月 21 日。

〔2〕 中华人民共和国水利部：《2011 年中国水资源公报》，载中华人民共和国水利部网站，http：//www.mwr.gov.cn/zwzc/hygb/szygb/qgszygb/201212/t20121217＿335297.html，最后访问日期：2013 年 8 月 21 日。

流生态恢复的评估方法等方面取得了很多创新性成果。目前，国家正在加大对水体污染治理技术等一系列问题的投入。""近年来，流域尺度下的生态修复理论与技术研究逐渐得到重视，如北京市水土保持工作总站提出的建设生态清洁小流域，浙江省实施'万里清水河道建设'等工程，都取得了良好的生态效益和经济效益。"[1] 而真正意义上的水生态修复工程也在我国各大城市的水资源保护与环境治理中发挥了举足轻重的作用。本节主要通过简要介绍几个典型的水资源生态修复案例，来对生态修复工程的自然属性及其自然修复过程有个直观了解。

（一）典型湖泊生态修复：东湖水生态修复工程

湖北武汉的东湖可以说是我国最大的城市内湖泊。东湖的水资源对于城市建设和市民生产生活具有重要的意义。但是随着城市建设，人口过度膨胀，污染加剧，东湖的水环境受到前所未有的威胁。以石灰凼子为例，"石灰凼子紧邻梨园医院东侧外墙，是东湖的子湖之一，面积11.4公顷，被湖心堤马路与东湖主湖隔离，仅通过几只小桥孔与主湖相连，周围有6口鱼塘和8间临水猪舍，周围生活污水、养猪场废水、医院废水等散排入湖。东湖建设局局长彭雪松介绍，石灰凼子相对封闭，污染物沉积于湖中，治理前是东湖水质最差的子湖之一，湖水发臭令人避之不及。2009年底，水务部门开始采取清淤，投放微生物菌剂和栽种水生植物等多种方法，对石灰凼子进行为期2年的水体生态修复工程。据城市排水监测站跟踪对比监测显示，治理后，该湖水总磷浓度下降84.7%。"[2] 从劣五类提升到四类水质。据媒体报道，"采用生态修复技术，对污染

〔1〕 李兴德等："污染河流生态修复研究进展"，载《水利科技与经济》2011年第8期。

〔2〕 邹汉青："子湖水质两年间连升两级 全国最大城中湖东湖首试'生态修复'"，载《湖北日报》2011年11月29日，第3版。

湖泊进行去污，东湖石灰凼子并非江城首例。"[1] 东湖水生态修复主要采取生物技术，改善原有的东湖水生态系统，使其能够抗御水污染，恢复或重建更有利于人类生存和发展需要的水生态环境状态。生态修复技术和理念的利用成为东湖水质转变和水污染得以有效治理的关键因素。这也是生态修复自然修复作用在东湖水生态环境治理过程中的重要表现。

（二）河流生态修复理念指导实践

河流是文明的摇篮，很多人类辉煌的文明都是依河而存的。我国是一个河流众多的国家，人们的生存与发展离不开河流的开发和利用。但随之而来的各种水环境污染和水生态破坏又严重困扰我国社会经济的可持续发展。因此，进行河流生态修复具有重要的战略意义。当前，河流生态修复的理念基础主要有："河流是生命体，具有自净能力和修复能力；河流是一个复杂的有机体，从点到线、从线到面、从面到体各个方面都是互相影响各有联系的，任何一方面的改变都会影响到其他方面；现阶段的河流治理，除了防洪之外，还需考虑水质保护、生态系统保护和修复、景观保护和改善等，使河流具有亲水性，最终达到人水和谐的目的。"总体而言，"河流生态修复是在遵循自然规律的前提下，控制待修复生态系统的演替方向和演替过程，把退化的生态系统恢复或重建到既可以最大限度地为人类所利用，又保持了系统的必要功能，并使系统达到自我维持的状态。河流生态修复的目的是改善河流生态系统的结构与功能，标志是生物群落多样性的提高。对河流的生态修复主要包括防洪排涝（护岸）、水质改善和生态景观建设三方面。"[2] 围绕这些理念，我国河流生态修复工程取得了一定的成果。黄河流域经过长期的水土养护工程建设以及分水工程建设等一系列生态修复工

---

[1] 邹汉青："江城时兴生态治湖"，载《湖北日报》2011 年 11 月 29 日，第 3版。

[2] 王韶伟、徐劲草、许新宜："河流生态修复浅议"，载《北京师范大学学报（自然科学版）》2009 年第 Z1 期。

程建设减轻了一定流域内的断流现象；塔里木河水生态修复规划
（《塔里木河流域近期综合治理规划》）的实施使得已经干涸的台特
马湖最大水面达到 10 平方千米，许多地方地下水位得以提升，重
新形成新的绿洲，当地居民得以回迁；黑河流域水生态修复贯彻分
水原则，通过水权制度建设进行节约用水社会建设，实施草地封育
工程和生态移民工程建设，当地还在此基础上逐步转变当地居民的
产业结构和种植结构，使得黑河水生态修复收到显著自然和社会双
重效果。[1]

（三）湿地生态修复实践

湿地是重要的水资源涵养区域，也是对气候变化具有深远影响
的水资源存在形态，被誉为"地球之肾"。我国湿地分布广泛，湿
地保护任重道远，进行湿地生态修复建设也是有效的实践选择。除
了上文对于采煤塌陷区生态修复实践考察过程中提到的，对因煤矿
所在区域地质环境改变而形成的人工湿地，进行生态修复的成功实
例之外，也有很多对于自然存在的湿地进行生态修复的实践成果。

黑龙江扎龙湿地生态修复成果显著。扎龙湿地的作用十分重
要，它不仅起到保护松嫩平原生态系统的作用和保护物种多样性的
作用，更重要的是具有巨大经济价值。扎龙湿地生态系统平衡受损
的原因有多种：一是人为的无节制开发、利用和污染；二是自然原
因导致的大旱天灾；三是人为的管理和保护漏洞等。[2] 需要指出
的是，扎龙湿地生态系统的破坏并非仅仅以人类活动为主因，而是
直接起因于 1999 年 ~ 2001 年的大旱。此次大旱使得湿地发生特大
火灾，造成水面急剧减少，湿地几乎覆灭。为此，我国采取了补水
的湿地生态修复策略，仅仅经过两年时间，湿地生态系统又得以恢
复，原有的平衡得以有效修复。值得一提的是，在补水问题上，扎

---

〔1〕 吴季松：《百国考察廿省实践生态修复——兼论生态工业园建设》，北京航空
航天大学出版社 2009 年版，第 212 ~ 219 页。

〔2〕 陈丽春、赵小茜："扎龙湿地的生态修复研究"，载《环境科学与管理》2008
年第 6 期。

龙充分利用了生态修复的自然和社会修复双重作用。通过在上游进行退耕还林、分水入湿地、引水入湿地等工程建设人工加速湿地生态系统的修复；同时通过建立相应制度保障输水工程的经济来源，调整产业结构和适度经营措施以及建立生态修复基金等社会治理手段保障了生态修复社会效益的实现。

哈尔滨是依托河流湿地、河漫滩湿地等天然湿地逐步发展起来的城市。但是自20世纪80年代以来，由于过度围垦、鱼塘开发、取土挖沙等人为的不合理开发，天然湿地面积萎缩，湿地生境破碎化，湿地水体受到污染，生物多样性下降，湿地功能明显退化。哈尔滨湿地生态修复工程得以付诸实践。在生态修复技术实践领域，哈尔滨湿地修复主要应用生态工程技术，通过恢复生态系统的组成、结构来恢复和强化生态系统的功能，并辅以适量的仿生态系统，利用生态过程取出污染负荷，促进生态系统实现其自我维持和更新……在生态修复相应社会治理领域，哈尔滨建立了湿地保护区的生态机制，加大湿地执法力度，建立完善湿地保护区管理机构，使湿地保护区建设管理科学化、标准化、规范化、系统化，提高湿地保护区建设质量，积极发展退耕还湿的生态修复。[1] 同时进行了一系列的湿地保护宣传教育。这两方面措施的开展使得哈尔滨湿地生态修复实践得以成功开展。

（四）我国水生态修复实践经验总结

目前我国水生态修复实践已经有所成果，但尚存在一些问题。总结起来主要有以下几个方面的启发：首先，水生态修复工程的开展主要是以地方实践为基础，国家和社会投资并未形成规模。不论是湖泊生态修复还是湿地的生态修复，国家和社会在生态修复工程建设过程中并未给予足够的关注和经济支持。地方自理是普遍存在的现象。国家是生态修复工程建设的主导者和具体实施主体，这是

---

〔1〕 赵金龙、王英伟："哈尔滨市湿地生态修复与保护"，载《内蒙古科技与经济》2011年第22期。

生态修复工程得以在全国展开的关键，也是由我国现行体制和基本国情所决定的。上述几个典型案例的成功都离不开国家资金的支持。就生态修复成果的显著性来看，塔里木河生态修复自然和社会效益明显，这与国家的大力投入和持续关注是分不开的。其次，生态修复资金的获得是水生态修复成功的关键。由于生态修复本身就是一个长期复杂的过程，所以在资金的投入上存在长期稳定的要求。做到这一点，除了国家的长期投资外就应当寄希望于社会资本的注入。这一方面需要国家的财政支持，另一方面需要相应的产业引导和资本吸引政策。扎龙湿地生态修复建设的成功表明，建立专门的生态修复基金将是一个长期有效的措施。最后，不同地区展开生态修复的过程和方式并不相同，应当因地制宜。有些水生态修复过程需要补水，有些则需要节水，有些甚至需要移民搬迁。过程不同，各地区采取的生态修复措施也就不同，由此设定的政策以及目标也就是不相同的。但是需要指出的是，生态修复的标准在这些地区都是相同的，那就是自然得以修复和社会实现可持续发展，其中社会标准是衡量这些生态修复是否实现的最终和最权威的标准。

三、我国海洋的生态修复

海洋是生命摇篮、资源宝库，是我国以自然应对自然、应对气候变化的重要战略资源。海洋有着丰富的生态链，是复杂而脆弱的生态系统。虽然我国一直致力于海洋的保护，但是对于海洋知识的探索以及海洋生态修复任务仍然任重道远。近年来由于近海活动的加剧，社会经济发展要求海洋战略的深远延续，这使得海洋污染等问题成为我国生态文明建设过程中亟待解决的现实问题。我国海洋生态修复的研究主要集中于红树林修复、富营养水体污染生态修复及少量滨海湿地、海岸沙滩修复工程等。

（一）海洋生态修复规划——《国家海洋事业发展“十二五”规划》

国家海洋局2013年发布了《国家海洋事业发展“十二五”规划》（以下简称《规划》），《规划》指出，要加大海洋生态保护和修复力度，建设海岸带蓝色生态屏障，恢复海洋生态功能，提高海洋生态承载力。《规划》要求，推进海洋生态系统修复；保护与修复滨海湿地、盐沼、红树林、珊瑚礁和海草床等重要海洋生态系统；加强海洋生态修复技术研究，实施海洋生态修复工程，建设25处海洋生物资源修复区，开展35处滨海湿地生态修复，新增滩涂湿地植被面积200平方公里，其中种植红树林100平方公里，恢复芦苇湿地100平方公里。在广东大亚湾及雷州半岛、广西涠洲岛、海南周边及西沙等海域开展珊瑚礁人工繁育和生态修复。在滨海地区规划建设海洋生态文明示范区。《规划》的颁布为海洋生态修复的全国性开展提供一个重要的法律文件和实践契机。从《规划》对于海洋生态修复的基本内容可以看出海洋生态修复的基本特征：一是利用人工技术促进海洋生态系统修复能力的提高；二是海洋生态修复因地制宜，不同地区执行不同的生态修复任务，建立不同的海洋生态功能区；三是海洋生态修复的目的在于恢复海洋的生态系统平衡功能，提高海洋生态承载力，而这一海洋生态承载力包括了对我国社会经济发展需求的承载能力。由此可见，实施海洋生态修复不仅意味着海洋生态系统平衡能力的加强，更重要的是达到承载我国社会经济发展需要的能力。可见，《规划》是对生态修复双重社会目的并且更加注重社会经济标准的一次系统解读，也是海洋生态修复活动的基本准则。

（二）海洋生态修复相关实践成果

渔业资源相关的生态修复项目。莆田秀屿区海洋牧场生态修复项目2011年开始实施。这是莆田市首个海洋生态修复公益工程。人工鱼礁是指人们为了诱集并捕捞鱼类，保护、增殖鱼类等渔业资源，改善水域环境，进行休闲渔业活动等而有意识地设置于预定水域的构造物。秀屿区海洋牧场建设项目，首期选定南日岛小麦屿西北部建设人工鱼礁，工程分两期，总投资500万元，拟浇筑钢筋混凝土礁体 3 种，共计 320 个。[1]

红树林生态修复工程。红树林是重要的海洋植物，也是脆弱的海洋生态系统。我国红树林主要分布在南方沿海地区，由于社会经济的发展，红树林受到前所未有的破坏，一些地区几乎损失殆尽。红树林生态修复工程的开展也是海洋生态修复最具典型代表意义的内容。2013 年，广东考洲洋海洋生态修复工程正式实施，并且首期工程将在年内完工。考洲洋海洋生态修复工程整个规划区共分六大功能区，分别是核心保护区、生态修复区、生产作业区、科普体验区、旅游配套区以及现状居民生活区。该工程实施的主要措施包括：利用现代生物技术种植红树林提高红树林生态系统功能恢复和适应能力；加强基础设施建设，改善并引导公众采用新的生产和生活方式，使之更有利于保护红树林的繁衍；进行广泛的红树林保护宣传，培养当地群众生态修复意识；发展以红树林为依托的生态旅游业，帮助居民脱贫致富。海南省是我国红树林广泛分布的又一重要地域。随着社会经济的发展，海南红树林锐减了 60%。[2] 海南省为此进行了长期的工作，对红树林进行生态修复。目前海南省进行红树林生态修复的措施主要有：重新种植红树林；加强对现有红树林的积极保护，除灭水虱子建立有利于红树林生长的沿海海洋生态环境；建立红树林自然保护区；进行立法、规划和制度建设保护红树林。

（三）海洋生态修复实践小结

通过福建、广东和海南省海洋生态修复的相关实践可以看出，当前，我国海洋生态修复工程基本上是在遵循《规划》的实际要求因地制宜展开的。总体看来，海洋生态修复实践与上面提到的采煤

---

〔1〕"莆田首个海洋生态修复工程动建"，载福建省人民政府网，http：//www.fujian. gov. cn/zwgk/zfgzdt/sxdt/pt/201211/t20121127_ 548011. htm，最后访问日期：2013年 8 月 31 日。

〔2〕"重振'海岸卫士'雄风 海南欲恢复万亩红树林"，载网易网，http：//news.163. com/05/0726/18/1PK0A18N0001124T. html，最后访问日期：2013 年 8 月 31 日。

塌陷区生态修复实践以及森林和水生态修复实践的内容是基本相同的。但是比较看来，海洋生态修复的实践更具有国家主导的意味在内，能够形成具有全国指导意义的《规划》就是最好的证据。因此，海洋生态修复在实践上较前面的几种生态修复更为全面。但是在制度的建设上，我国各个领域的生态修复都尚处在逐步摸索和完善阶段。

生态修复法律制度的理论解构

实践是理论的源泉，理论是法律制度实践的引导者。生态修复理论来源于实践，是对上述生态修复成功实践的集中总结。在进行生态修复理论的探索中，应当注意到生态修复实践的多学科、多领域研究的交叉性。因而，作为相应法律制度构建重要指引的生态修复理论研究，是在生态修复充分的自然修复与社会修复双重实践基础上，进行的有层次、有结构的分析，是在不同理论分解基础上的理论解构过程。

第一节　法学研究视角下的生态修复

一、生态修复的社会意义

对生态修复社会属性的论证或者说社会意义的探求和理论构建，是生态修复法学研究的前提。对其社会属性的正确认知也将直接关系到生态修复法学理论构建的正当性。生态环境保护与人类社会发展的关系问题是一个恒久争论的话题，抛开浪漫与幻想，实际上人类考虑生态环境保护的过程就是一个社会进步发展的历程，是社会性的命题，这点无须否认和重复论证。但是问题的关键不是生态环境保护与人类社会发展是否存在矛盾，而是生态环境保护的目的是否在于使人类社会实现更好的发展。这里肯定会有人认为这是明摆着的事实，但事实并不是人们所普遍认为的那样。人类认识生态环境保护问题的过程主要是一个人类反省和惭愧的过程，在这种反省和惭愧中逐步引发了大量如"土地伦理"等环境伦理学观点。

　　从"人类中心说"到"生态中心说"，从"生态中心主义"到"环境法西斯主义"，在这些不同的、明显带有人类认识发展轨迹的学说和主义中大家无时无刻不在争论一个问题："是人类还是生态或环境"。这种争论本身其实就是一种谬误，或者说该问题本身从一开始可能就是一个伪命题。我们明确并很负责地知道人类不是"上帝"，人类仅仅是生态环境的一个重要组成部分，只不过我们在地球历史发展的一定时间内是居于主导地位罢了。正如白垩纪的恐龙一样，我们是整个地球历史的重要环节。人类认识到这个问题或者说正视这种地位，从人类自己批判上帝的那一刻起就已经存在了。从达尔文的进化论到法国的启蒙运动，我们早就在"人类是地球不普通的一分子"这种认识中逐渐成熟了。但是现在遇到一个自我反省的时代，人类又糊涂了，或者说是暂时地因为某些利益集团的鼓动而迷失了认识方向。人类不是"上帝"，我们不是万物的造物主，也不是万物生存和发展的决定者。也就是说人类支配的仅仅是自己而已，仅仅是在自然规律的作用下，在地球历史进程中实现自己的主导地位，仅此而已。简单地说，我们都是地球历史的过客。马克思指出过，人类可以改造自然，可以利用自然。但这并不意味着我们能够抛弃自然规律，任凭某些人类集团有意识地操纵、肆意掌控自然的命运。也就是说我们人类所做的和能够做到的只是在自然规律的掌控下创造人类自己的历史。而恰恰在这个地球历史发展期内人类的历史脉络深刻地与其重合了。这种重合给了人类无限遐想，甚至让人类产生了某种造物主的错觉。实际上归根结底，人类对于生态环境的保护是对人类自身发展的维护而已，把它过度理解只会让人类自己飘飘然成为"上帝"。我们既不能决定一个物种的生存和死亡，也不能坐视某种生态环境向不利于人类生存和发展方向转变，这恐怕才是人类应该做到的。

正因为如此，人类社会发展才是生态环境保护的目的。生态修复才是人类社会发展的重要技术和理论成果，这种成果不仅是物质上的也是精神上的，它既是物质积累的保障和促进结果也是精神文明的体现和播种。所以生态修复作为生态环境保护的重要方面才具有了人类社会属性。这种属性在实践运用中不仅表现为利用人工使得生态或环境予以恢复或重建，而且这种恢复或重建更多地是为人类社会的更好发展提供必要条件。脱离人类社会进行生态修复，甚至奢谈生态环境保护将仅仅是一种空想，也是没有意义的，到头来也只会陷入抛弃人类、憎恶人类的"环境法西斯主义"论断。

二、生态修复的法学研究视角

法学作为一门重要的社会学科或者说人文学科，它的社会性是显而易见的。正因为如此，作为法学重要分支的环境资源法学更不能脱离这种社会属性，相反环境资源法学更应当彰显对人类社会发展的建设性作用。那么作为环境资源法学研究对象的生态修复法学理论，则更应当体现其对人类社会本身发展的促进作用。就法学理论尤其是环境资源法学研究而言，具有社会属性的生态修复在法学视域下的研究应当体现在如下几个方面：

第一，在法学视域下对生态修复进行研究的目的是形成相应的法制，进而在法治作用下活起来，成为完整的、有效的制度。这里不得不再次阐述下"制"与"治"的本质区别，简单地说前者指的是一种固定的制度形态，而后者是一种在前者基础上"活"起来的社会治理形式。从上文对于制度的解析可以认识到，制度是一种建立在各种制度基础上，并由法治运作保障的"活"的治理手段。因此，法治与法制相结合的最成功形态就是形成有效的制度，并使这种制度形成有效的运作状态。生态修复制度就是这种理想状态下的制度的一部分。生态修复制度的有效运作就是在法制完善的基础上实现对生态修复行为管理的法治运行状态。一方面，生态修复法制的健全使得各种管理秩序井然有序，生态修复工作有效开展，生态环境得到有效的恢复或重建；另一方面生态修复法治的运作使得公众相关权益得到有效保障，社会实现公平与正义。这是生态修复制度建设的终极目标和理想状态。

第二，生态修复法学研究视域的扩展要求深刻理解生态修复中的法律关系，明确权利和义务。从环境资源法的研究来看，"环境资源法律关系是指由环境资源法律规范确认和调整的具有环境权利和义务内容的人与人之间的社会关系。首先，环境资源法律关系是基于环境而产生的人与人之间的社会关系；其次，环境资源法律关系是由环境资源法律规范确认和调整的社会关系；再次，环境资源法律关系是具有环境权利义务内容的法律关系；最后，环境资源法律关系是当事人之间地位平等与不平等相结合的社会关系。"[1] 生态修复法学研究也尊崇环境资源法律关系的定义和特征。因此生态修复法律关系就是指由环境资源法、矿产资源法等有关生态修复法律规范确认和调整的具有生态修复权利和义务内容的人与人之间的社会关系。生态修复法律关系是一种较为复杂的社会关系，从上述淮南市采煤塌陷区生态修复社会实践来看，生态修复社会关系主要包括三个主要方面：首先，生态修复法律关系是基于生态修复而产生的人与人之间的关系。社会关系是多种多样的，但是并不是经法律关系调整和规范就成为生态修复法律关系，而是只有涉及生态修复所产生的社会关系才有可能成为生态修复法律关系。正如上述淮南市采煤塌陷区生态修复实践所反映的事实那样，淮南市政府以及矿业集团在采煤塌陷区组织进行土地复垦、搬迁安置、生态修复工程，进行与生态修复相关的赔偿和补偿以及进行与生态修复相关的所有管理活动中所产生的人与人之间的社会关系，才是采煤塌陷区生态修复法律关系。其次，由于环境资源法律关系都是以法定权利

---

〔1〕 王灿发：《环境资源法学教程》，中国政法大学出版社1997年版，第46~47页。

和义务为内容的社会关系，因此，生态修复法律关系也以法定权利
义务为内容。随着人们对自然资源开发产生的权属关系认识的深
入，20 世纪 50 年代以后环境与资源保护立法从维护环境的多元价
值的角度出发设立了人类的权利和义务关系。也就是说采煤塌陷区
生态修复法律关系应当从修复当地受损的生态与环境，并从生态环
境的社会价值、自然资源可持续利用价值等价值角度出发设立采煤
塌陷区的生态修复过程中人类的权利和义务关系。例如，在淮南市
采煤塌陷区生态修复法制建设实践中，淮南市相继颁布了有关采煤
塌陷区综合治理的法规以及配套的居民搬迁安置办法和资金保障办
法一系列法规，这些法规从维护生态环境以及自然资源的可持续利
用价值和保障淮南市经济的可持续发展以及社会和谐稳定价值两个
重要的生态修复价值角度出发构建了采煤塌陷区生态修复法律关系
的雏形。最后，在淮南市采煤塌陷区生态修复实践中我们还能看出
一个重要的生态修复法律关系特征，即生态修复法律关系体现的是
一种意志，这种意志符合了生态环境发展规律。正如前文对生态恢
复、土地复垦等学说的分析可以看出的那样，生态环境发展的规律
要求人们的认识必须进步到生态修复这种观念上来，否则在落后意
志支配下的法律关系构建将难以适应社会经济发展的需要。因此采
煤塌陷区生态修复法律关系必须是一种符合现代生态修复治理理
念，并且是在这种理念支配下的人类意志的体现。

　　第三，生态修复法学研究更关注人类社会自身公平与正义的实
现。公平、正义是法的不懈追求，是法作为社会关系调整手段的最
关键目标。法对社会公平、正义的追求是通过社会秩序以及利益分
配均衡的最大化来实现的，没有秩序保障下的利益均衡分配也就没
有法追求公平、正义的必要。法从其产生的那一刻起就隐含着利益
分配均衡的契约精神，这种分配不仅仅体现的是政府与公民之间的
利益均衡，更包括了人与人之间的利益均衡，此即所谓公平。而对
于正义的追求则是法的契约精神的另一个层次。法通过对于社会秩
序的维护，通过利益均衡分配的契约精神的实施，达到社会公平发

展、民众安居和谐的状态。为此，法"惩奸除恶"，将违背契约精神的行为控制在社会能够承受的最低限度，这不失为对正义的伸张。生态修复法的研究更关注人类社会自身公平与正义的实现，这是与上述法的公平、正义追求的本质分不开的：一方面，生态环境受到破坏，不论其有没有达到损害的限度都在生态修复的范畴之内，这是人类社会避免生存受到威胁的天性使然。为此人们实施生态修复工程，并为之制定相应的法律规范，使之能够在维护人类生存和发展利益的第一要务基础上最大限度维护生态系统的平衡，这即是人类对自然的公平。而人们在社会关系中最大程度均衡生态修复各方的生存和发展利益，最大程度完成社会利益分配的均衡性是生态修复法的正义追求。另一方面，对于生态修复过程中的社会关系来说，实现人类利益分配正义是生态修复实施的最大功绩之一。不论是在生态环境破坏过程中的利益受损方还是受益方他们都渴望自身利益得到应有的、合理的保障，这种利益冲突的"媾和"就是契约精神的具体反映，由此生态修复法就具备了其产生的深刻社会基础。而对于正义的社会意义来说，就是在实现人类对生态系统的正义基础上完成并达到人类不同群体利益分配的最大化。这是一种协调的过程，这一过程需要某种秩序的约束，需要人们从相互利益的有效实现角度考虑，通过秩序的约束再次达成"媾和"，由此就产生了人们利益的再分配，人们心目中期望已久的正义在这种状态下达到最佳状态，此即生态修复法所最终追求的社会正义。

上述法对公平正义的追求，在淮南市采煤塌陷区生态修复法制建设中有最明显的体现。首先，针对采煤塌陷造成的生态环境破坏，淮南市通过立法进行土地复垦、生态重建和生态恢复，创造性地形成采煤塌陷区治理的四大模式就是人对生态环境良好状态的正义维护；其次，在社会不同群体的利益维护中，淮南市先后制定关于采煤塌陷受损群众补偿、赔偿的程序和标准，以及制定搬迁安置制度等都是在寻求社会利益分配的最大化均衡。通过法制建设的手段使得生态修复的双重意义得到最终体现，这是淮南市采煤塌陷区生态修复法制建设的亮点，也是值得推广的经验。最重要的是淮南市采煤塌陷区生态修复法制建设体现了人们对于生态修复社会属性及其法制公平、正义属性的最大追求。

综上所述，法学视域研究生态修复并不是乌托邦式的浪漫主义，而是通过社会法制建设实践检验的切实可行的理论扩展方向。不断丰富生态修复法制建设内容和拓展生态修复法学理论是满足社会经济发展需要和环境资源法制建设需要的必然要求。

第二节　分配正义理论与生态修复

分配正义是法的最本质价值形态。法的价值形态或者说法的价值追求是多方面的，但是正义价值与秩序价值是法之所以存在的最基本的两个价值形态。法的自由价值、效率价值等价值形态都是建立在正义与秩序价值基础之上的。"从最抽象的意义上讲，秩序总是意味着在社会中存在着某种程度的关系的稳定性、进程的连续性、行为的规则性以及财产和心理的安全性。"[1] 这就是说秩序所追求的本质不在于权利义务的公平分配，它关心的仅仅是稳定、安全以及连续与规则等表象。但是当人们失去了最基本的权利，或者不承担最基本的社会义务时，这个社会所有的秩序都将基于表象的不确定性而荡然无存。而权利与义务恰恰是正义维护的基本范畴。

正义问题是一个老生常谈的话题，但是到底什么是正义至今没有一个较为准确的含义。然而，正义作为法的一个最基本的价值形态已经为世人所认同。古希腊哲学家亚里士多德将正义分为分配正义（Distributive Justice）和矫正正义（Compensatory Justice，又做校正正义。）。分配正义涉及财富、荣誉、权利等有价值的东西的分

---

〔1〕 张文显主编：《法理学》，高等教育出版社、北京大学出版社 1999 年版，第227 页。

配，在该领域，对不同的人给予不同对待，对相同的人给予相同对待，即为正义。与之对应，矫正正义涉及对被侵害的财富、荣誉和权利的恢复和补偿，在该领域，不管谁是伤害者，也不管谁是受害者，伤害者补偿受害者，受害者从伤害者处得到补偿，即为正义。分配正义基于不平等上的正义，而矫正正义基于平等的正义。[1]由此可见，分配正义就是正义最本质的一个形态，矫正正义则是建立在分配正义基础上的。分配正义理念是应对气候变化研究的重要价值实现目标，同时也是应对气候变化视野下生态修复法律制度建设的关键标准和社会目标。

一、权利义务平等：简单意义上的分配正义

正义以及分配正义本身都是一个永恒且充满争议的话题。到底什么是正义，如何体现分配正义，正义与分配正义的关系如何等都是可以大书特书的论题。这并非是本书可以囊括的，很多内容也超出了本书的研究视野。本书仅从分配正义简单意义上的内容说起，探求以权利义务为内容的法律意义的分配正义问题。

（一）分配正义实现的基本任务

生存与发展所必需的物质财富及其他福利的平等分配是现代意义上分配正义所要实现的基本任务。分配正义更大程度上所代表的是一种社会文明形态，是一种社会进步的表达方式。当亚里士多德时代哲学家将分配正义的标准仅仅规定为美德，奴隶制度都可以是合理和完美的。但是随着认识的深入，人与人之间在基本权利问题上的分别已经被打破。"现代意义上的'分配正义'，要求国家保证财产在全社会分配，以便让每个人都得到一定程度的物质手段。"[2] 因此，当再次谈论穷人与富人的区别时，人们所要评价的是财富与福利分配的问题，是国家机器对于基本人权的维护问题，

---

〔1〕 百度百科对于"分配正义"与"校正正义"的解释，载 http：//baike. baidu. com/view/2350105. htm，最后访问日期：2012 年 11 月 2 日。

〔2〕 ［美］塞缪尔·弗莱施哈克尔：《分配正义简史》，吴万伟译，译林出版社2010 年版，第5 页。

是最终的生存与发展的实现路径问题。财富与福利的公平分配成为人们生存权与发展权实现的一种重要标志，这是一种人类理性力量的进步。重新安排贫富关系，国家再分配利益，使得贫富差距在可接受的安全范围之内，成为现代国家的重要职能、义务，甚至是一项维持其存在合理性的根本任务。因此，分配正义的实现也成为国家合理存在的基础。

（二）分配正义是权利义务的平等分配

分配正义是一种实质的社会正义，其基本实现形态就是权利义务的平等分配。事实上，分配正义是一种古老的哲学研究对象，从亚里士多德到现代的罗尔斯，对于这一问题的研究都是充满争议的。到目前为止，分配正义仍然是一个难以具体定义的哲学概念。有的学者把分配的基础定位为道德上的美德，有的则认为分配的对象是资源，也有论者将分配正义的目标定位为权利的平等、人的基本福利的实现。从罗尔斯的《正义论》问世以后，分配正义讨论的焦点更加集中于权利及其相应义务的实现。无论是罗尔斯的反对者还是支持者，权利及其相应义务问题都是正义语境下讨论的焦点。分配正义是正义的基本表现形态，更是正义的实质。因此权利义务语境下的分配正义讨论才有其时代意义，人与人之间生存权与发展权的平等分配才是实质上的社会正义。

（三）生存权与发展权的分配正义

生存权与发展权作为人的基本权利，是现代法治文明持续进步的必然结果。人甚至一刻也不能停止生存与发展的一切行动。生存是人的本能，发展是人持续生存的基本形态，这些是人作为人而存在的行为特征。现代法理学认为："分配正义所要关注的是在社会成员或群体成员之间进行权利、权力、义务和责任配置的问题。"[1] 因此，现代法治意义上的分配正义就是人与人之间权利义

---

〔1〕〔美〕E. 博登海默：《法理学——法律哲学与法律方法》，邓正来译，中国政法大学出版社 1999 年版，第 265 页。

务的平等分配，而生存权与发展权利及其相关义务的平等分配是法治所要实现的分配正义的前提和基本内容。简而言之，法律意义上分配正义的实质就是法治维护下的人类生存权与发展权及其相关义务的平等分配。国家实现实质分配正义的前提则是物质财富或相关福利的积累以及平等分配。而分配正义的这一要求，使得生态修复法制建设甚至是应对气候变化立法本身都不能逃避国家法治义务的基本要求。分配正义应当成为应对气候变化立法及其相关制度设定的主要目标和法治运行准则。生态修复法律制度则是应对气候变化视野下的立法过程首先需要考虑的。此外，生态修复不仅仅强调的是自然关怀，还使得社会可持续发展能力得以修复，这种双重作用的社会本质属性则更要求其相关法律制度建设体现并维护分配正义价值。

二、分配正义理念与应对气候变化立法

分配正义是应对气候变化的社会表达，它是应对气候变化国际行动的主流意识。在应对气候变化立法中体现分配正义具有其社会必然性。

（一）应对气候变化视野下关于分配正义理念的一点误解

分配正义从社会角度来看，其实质就是对于社会财富以及福利的再分配。富人更多地接济穷人，富人与穷人之间财富和福利进行再分配，就是其经济利益上再简单不过的解释。应对气候变化如果说是一种国际间的合作，那么经济协作则是其根本。国际间富国与穷国、发达国家与不发达国家间社会财富以及福利的再分配将是应对气候变化过程中不可回避的社会实际问题。让发达国家，或者富裕的国家承担更多减排义务，发展中国家或者说穷国应当更大限度享有减排的时间优势和来自富国的经济援助，这是当前应对气候变化各种国际谈判和协议的主流观点。然而，是不是国际共识呢？至少一部分国家的学者对此提出了异议。他们正试图将分配正义的国际化与应对气候变化带来的不利影响等问题区分开来。"在此，我们断定，上述主张（指富国对于穷国的援助和承担更多减排义务——笔者加）

不恰当地把对（财富）再分配的正当关切同缩小气候变化影响的问题牵连到一起。"同时，该观点持有者还认为，在某种情况下，"可以理解，气候变化政策会被证明是帮助穷人最好的方式，但我们要表明的是：不能如此看待这些气候政策。"继而他还指出，"一个严重的问题是，如果我们选择气候政策来进行（财富）再分配，而非用它来尽可能低成本地减少排放，我们就要冒减排成本大幅上升或减排效能降低的风险。"[1] 笔者要说的是，这种观点旨在为发达国家承担较少义务进行辩解，是将分配正义的常识进行违历史观的曲解。

（二）关于应对气候变化及其立法分配正义理念的一点看法

分配正义是人类历史底层民众不断反抗暴政、争取民权和最大经济权益的成果。如果承认财富分配在某种可容忍范围内不平均是一种合理的社会状态的话，那么基于历史积累而来的，各列强国内民众享有的相对过多的巨量财富和显著福利则是对分配正义神圣历史认知的否定。因为这种积累已经远远超过了这种人类基本伦理承受范围内的容忍状态，它甚至是造成今天国家和地区间绝对不平等状态的唯一原因。发达国家刻意否定经济发展的历史性，将现今的环境与发展问题归罪于当代发展中国家的谬论就是基于这种违背历史观的分配正义论。在应对气候变化问题上，一些发达国家更是利用这种看似在理的观点混淆视听，为其逃避减排义务进行辩护。从历史发展的观点来看，经济积累是一个漫长的发展过程。发达国家获得今天经济的优势地位，靠的正是几百年来对于不发达地区的长期资源掠夺和高耗能发展。如果承认人为二氧化碳引发气候变化，那么正是资本世界飞速发展过程中无节制地排放引发了当前气候变化严重影响人类生存与发展的事实。资本的历史榜样带来了人类发展模式的进步，同时也带来了人类对自然资源的最大劫掠。正是西

---

〔1〕 ［美］埃里克·波斯纳、戴维·韦斯巴赫：《气候变化的正义》，李智、张键译，社会科学文献出版社 2011 年版，第 90 ~ 91 页。

方发达国家自身创造了当今气候变化的恶劣局面。否认这种历史事实的分配正义论是应当引起警惕的。应对气候变化的分配正义在社会和经济范畴上来说，就是发达国家对其长期遏制和掠夺的发展中国家的经济赔偿或补偿和正义赎罪；就是对其长期资本积累带来的自然债务进行偿还的义务担当行为，这种赎罪与担当就是人类应对气候变化的基本伦理——分配正义。

然而，法律意义上的分配正义并没有经济理念上的分配正义如此直接和激进。虽然，法治是政治的手段，更是经济的反映，经济决定了法治的一切。因此，法律意义上的分配正义是经济意义上分配正义的保障，它反映的依然是经济意义上分配正义主体对于经济利益的种种诉求。但是法治依然较为含蓄地通过权利义务的实现来表达分配正义的经济因素。基于平等的现代民主法治更是分配正义的法律诠释。如果说分配正义经济利益的再分配过程，是实现最合理财富和福利分配自由和状态的过程，那么法律意义上的分配正义则是维护这一过程，使这一过程更加公平合理，并且保障再分配自由以及获得再分配权利的有效手段。法律的分配正义将人最基本的权利和义务通过国家强制力确定下来，这是民主社会的进步成果。因此，法律实现分配正义是应对气候变化过程中社会和经济意义上分配正义的固化，是应对气候变化立法的基本内容和要求。而维护基本人权与分配正义的实现在应对气候变化立法中的交集，就是维护气候变化环境下不同国家和地区人的基本生存和发展权利，保障生存权与发展权的实现和相应义务的履行。

（三）应对气候变化分配正义理念的国内法实现要求

应对气候变化立法是国际与国内立法的双重过程。然而在国际立法中生态修复的义务并不是主要的谈判议题，这是由当前国际社会政治博弈焦点不同而决定的。并且这种情况在一定时期内将长期存在，节能减排等限制人类行为的问题将继续是国际立法关注和争论的核心。应对气候变化国际范围的分配正义问题与国内分配正义问题也是存在根本区别的。与世界历史发展下的资本积累相比，国内发展历史中的资本积累过程则表现得异常温和。如果说人类历史资本积累伴随着恶劣的人类行径，那么国内历史发展中的资本积累，特别是我国资本积累和经济迅速崛起的过程是一种基于自愿的贡献和牺牲过程。

与发达国家对于发展中国家理所当然的赎罪不同，我国发达地区对于发展中地区所承担的财富和福利的再分配义务仅仅是兑现改革开放初的基本国家承诺。我国的国情是造成当前沿海发达地区与中西部内陆欠发达地区经济发展差距的根本因素。这种情况的产生，政策因素比资本本身更具有主动性。国家在制定改革开放计划之初就已经指出了"先富与后富"的基本战略格局，先富带后富的历史任务也因此有着国家承诺的意义在内。并不是我国内陆欠发达地区不能够实现先富，而是国家政策使得内陆欠发达地区遵守共和国的基本制度，主动让渡了发展的时间和历史机遇。我国经济的发展很大程度上是与这种主动的牺牲密不可分的。这种牺牲不仅仅是资源的输送，是人力的输送，更是几代人甚至几十代人落后的生产和生活过程换来的；是基本生存与发展权的自我牺牲，让渡发展历史机遇而来的国家崛起过程。虽然在国家政策中有不少发达地区反哺欠发达地区的措施，但是这种措施并没有从根本上缓解发达与欠发达地区基本经济状况的巨大差距。当发达地区的人们关心气候变化、关心环境问题的时候，欠发达地区，尤其是靠资源开发获得生存和发展权的地区的人们，还是在靠着更广泛地开发自然资源吃饭，实现自己的富裕梦想。因此，在国内，应对气候变化的本质还将长期局限在经济意义上的分配正义问题。也只有建立在充分实现发达地区与欠发达地区财富与福利的平等分配基础上的应对气候变化法律制度才是合乎伦理的。

欠发达地区通过资源的逐步耗竭换取了发达地区甚至国家整体经济的飞速增长，而资源开发地区经济发展并没有获得应有的巨大进步，甚至这种发展的差距还在不断扩大。这是我国实现中部崛起与西部大开发的重要背景，又恰恰是国家政策补偿的开始。虽然我

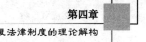

国国内贫富经济差距的产生与国际上由资本掠夺造成的贫富差距并非同理，但是在应对气候变化的分配正义问题上仍应是一致的，这主要是因为经济发展造成贫富不均的一致状态使然。既然我国一直主张并坚持"共同但有区别的责任原则"，主张发展中国家不承担主要减排义务，在国内就应当继续贯彻这种国际主流意识和国际条约共识。相应地，发达地区就应当成为节能减排的主力，承担主要减排义务，并对欠发达地区提供实际的经济支持和直接财富补偿。欠发达地区相对应当享有充分发展的时间和空间，最大限度利用自身资源和国家政策的福利调整获得经济发展的历史补偿，并最终实现分配正义。这是应对气候变化国内法治建设的经济背景，也是具有决定性的经济要求，更是分配正义理念影响下的应对气候变化国内立法方向。

三、应对气候变化分配正义视野下的生态修复法制理念

应对气候变化分配正义的实现是应对气候变化及其相关立法的基本目标。生态修复法律制度的形成，正是建立在对人类基本生存权与发展权以及相关义务维护理念上的。生态修复及其相应制度的实施，就是通过自然修复和社会修复两个基本途径维护人们生存权与发展权的平等和实现分配正义的。然而，现有立法并不足以称为真正意义上的生态修复法律制度，其最基本原因就是分配正义理念的缺失。而建立生态修复法律制度的过程既是应对气候变化法制完善的过程，更是应对气候变化中分配正义理念的实现过程。

（一）现有生态修复相关法制建设分配正义理念的缺失

生态修复制度相关的法律制度体系在某种程度上说已经有所构建，诸如土地复垦制度、环境恢复保证金制度以及生态补偿相关制度等都已经或者将要形成完整的制度体系。但是这些制度都不是真正意义上的生态修复制度，或者说这些现有制度在实现生态修复的重要任务面前还是存在诸多空白或不足。以具有生态修复意义的《土地复垦条例》为例来说：一方面，立法指导思想的偏差使现有生态环境保护制度难以实现生态系统整体面貌的改善；另一方面，

法的基本原则存在瑕疵，使得立法难以从根本上建立较为公正的社会秩序，权利义务难以清晰，并没有实现法作为社会矛盾调节器的基本作用，因生态系统失衡造成的社会问题突显。

就现有与生态修复相关的法律制度来看，生态系统整体平衡修复的法律法规是缺乏的。现有的制度都是围绕某一种生态环境要素展开治理，例如，作为采煤塌陷区生态环境治理最基本制度——土地复垦制度就仅仅以土地作为治理对象。然而土地仅仅是整个环境要素的一个重要组成部分，不论从其物理属性还是社会属性来看都只能带来生态系统某一个环节的平衡。

首先，土地及其附着物仅仅是所有生态系统的某一个或多个方面。土地是生命的重要起源，也是生命的重要承载体，但是土地不是生命的全部，更不能代表生命或者整个生态系统本身。对于土地的治理会带来生态系统平衡一定程度的恢复，但是并不能用土地治理的好坏来衡量整个生态系统平衡与否。这应该是一个普遍共识的东西。

其次，土地复垦相关制度仅仅从行政权的角度出发，调整的是众多社会关系的一部分，并没有实现对于附着于土地上的公众私权的起码尊重。例如，《物权法》的颁布彰显了法律对于私人物权的承认，但是在土地复垦相关法律法规中，对于相关物权体现了极强的公权属性，对于私权协商不予鼓励，反而助长公权力介入物权，强制性安排或划定物权补偿或赔偿范围，这是我国现有制度中私权与公权博弈的通病。

最后，以某种环境要素为主的立法理念从根本上偏离了法作为社会正义维护的基本功能。例如，现有的土地复垦制度仅仅将义务主体限定在狭小的范围之内，使其不能调整生态修复的全部主体，实现不了所有义务主体共同承担义务的可能性。最为主要的是土地复垦制度并没有实现失地民众对于生存权和发展权的渴望，甚至否定了一个地区可持续发展的个体要求。

现有土地复垦制度中有一个最为重要的原则就是"谁损毁，谁复垦"的原则。这一原则乍看起来仿佛是明确了复垦的义务主体，但是实际上是在为最广泛的义务主体开脱责任。以煤炭资源开发带来的采煤塌陷灾难来说，当开采煤炭资源获取巨大利益的时候，大家都抢着来分享这些利益；但是当人们发现煤炭资源开发会带来巨大生态环境破坏，引发诸如采煤塌陷这些严重破坏生态系统的问题，以及由此带来的诸多社会问题时人们又争相抛开包袱，将生态系统平衡修复义务和社会治理责任强制性压在煤炭开采地区的政府、企业甚至是普通居民身上。当然，如果煤炭企业始终在市场经济的条件下进行开采和经营，实行"谁损毁，谁复垦"，应该是可以的，但在长期的计划经济体制下，煤炭开采企业无权自定煤炭价格，无权决定投资方向和项目，煤炭所在地政府甚至也要为完成国家煤炭开采和调配任务配合煤炭开采，而煤炭消费者享受着国家规定的资源低价格恩惠。当煤炭开采完后，反过来又让并无多少财富积累的煤炭开发地区的人民和政府承担复垦或者修复责任，显然是不合理的。这种权利义务的失衡足见该原则已经丧失了作为法律原则的分配正义属性。因此现有制度所规定的原则性条款从根本上否定了法的分配正义价值，迫切需要纠正。

（二）应对气候变化视野下生态修复法的分配正义价值的实现

相当于正义而言，公平则较为朴素和具体，但它是正义的最基本的表达形态。现代汉语中的公平包括两个层面的意思：一是指公正，不偏不倚；二是指对一切有关的人公正、平等地对待。这就是说生态修复追求公平的本质目的一方面在于使得人类的发展与生态系统的平衡受到公正和不偏不倚的对待；另一方面则是使不同利益群体的权利维护得到公正、平等的对待。

以上述采煤塌陷区生态修复工程和制度建设实践为例，可以看出，公平在一定范围内是存在的，但是就全国环境而言，公平并没有受到很好的重视。这种状况主要体现在当前经济发展过程中以及政策、立法尤其是环境政策立法过程中对于生态修复工作的忽视。例如，许多政策和立法只看到了环境污染的治理和生态环境的改善，没有注重维护相关群体发展机遇及其利益的弥补，并且这些群体在全局利益博弈中始终处于劣势，不论是在立法上还是在利益表达上都处在不公正的地位；此外，他们也缺乏法治的保护，利益受到侵害时，得不到足够的救济等。这些问题都是生态修复及其制度构建中应当关注的。

生态修复的实现是经济发展到一定阶段的必然要求，同时它也具有促进经济发展的作用。物质的基础是开展一切活动的基础，而经济发展就是在为这一物质基础的积累提供动力。就资源开发带来的生态环境破坏而言，当前，生态环境的严重破坏多集中在经济发展中地区，其不论在物质积累上还是经济发展能力上较之发达地区而言都是落后的，这主要是国家经济发展战略使然。我国经济的发达地区主要集中在东部沿海，而中部和广大西部地区相对落后。但是发达地区的发展都离不开中、西部地区资源开发所提供的资源动力，可以说没有山西的煤和淮南的电许多东部地区都要面对黑暗，可见中、西部地区资源开发对于东部发达地区的发展所做的重要贡献。但是现在的问题是，资源开发地区，不仅生态环境受到严重破坏，资源开发所做的经济贡献也没有得到应有的回报，反而因为污染和生态环境问题受到发达地区一些人的诟病和指责，甚至是无理蔑视。中国古语教导得好，要懂得"饮水思源"！没有资源，发达地区经济发展只能是笑谈和幻想，没有资源开发地区在生态环境上做的牺牲就没有国家经济的飞速发展。有一点是毋庸置疑的，没有一个人，包括资源开发地区的人希望看到自己生活的家园被毁，自己赖以生存的经济来源受到前所未有的威胁。国家经济发展战略以及经济发展规律使得这些资源不得不成为资本前期积累的牺牲品，但是这些积累只要是能够修复生态系统的平衡，从而使得资源开发地区经济获得公平的可持续发展的能力，就是有意义的。

因此，目前我们所面临的问题不应是单纯讨论如何限制资源开发等产业发展，或者说是使资源开发地区政府和人民无端背负生态修复带来的巨大经济负担的问题；而是如何通过补偿和给予资源开采地区公平的经济发展机遇使其经济迅速发展，消除在物质积累上的巨大差距，从而使其获得更多平衡生态系统能力的问题。只有通过经济的发展获得物质的快速积累，生态恢复或重建才有技术和物质基础，落后地区的经济发展才能获得可持续的动力以及公平的对待。而这些正是生态修复所不懈追求的目标之一。可见，生态修复是资源开采地区经济获得公平发展的重要手段。

生态修复的正义并不是仅仅要求人类对生态环境本身的正义，而更要求通过分配正义的实现来达到社会正义的目的。从这种意义上说生态修复正义的实质也就是分配正义。而生态修复现有的实践已经表明实施生态修复工程的作用：一是实现了社会的和谐与安定，使得人们居有定所，生活和工作有了新的着落，例如淮南市开展的搬迁安置工作以及相关的再就业保障政策等；二是使得受到影响的生态系统重新恢复原有的平衡，这表现为生态环境的恢复或重建以及环境污染的防治等。实际上这两个方面的作用体现出生态修复的目的一是使得包括财富、权利在内的有价值的东西能够在较为公正的状态下进行有效地分配。生态修复要求利益获取者，包括政府和企业以及受益公众共同承担相应的义务，不论是进行生态系统平衡的修复义务还是社会可持续发展能力恢复的义务。通过生态修复相关的制度设定实现了生态环境受损地区人民重新获得生存与发展权利的可能性。社会问题得到根本性解决，实现了人们对于"居者有其屋，耕者有其田"的最基本需求；三是使得受损的生态环境的利益以及人们的利益得到恢复和补偿。权利的赔偿和补偿是矫正正义的范畴，而矫正正义又是以分配正义的实现为前提的。没有权利义务的公平、平等分配就不可能衡量权利义务的划分标准，权利的损失就不可能通过义务的承担来补偿或赔偿。无论从哪一个方面来说，生态修复的目的都在于追求最大限度的正义，而这种正义追求最集中的表现还是基于不平等经济发展基础上的正义，即分配正义。

第三节 生态文明理论与生态修复

生态文明既是人类社会的基本特征也是发展要求。党的十八大报告提出建设"五位一体"的社会主义文明社会，生态文明社会建设也成为一项重要的内容。相对于生态修复而言，生态文明的含义较为明确，马克思主义学者在研究马克思关于人与自然的关系后认为，生态文明就是指人们在改造客观物质世界的同时，不断克服改造过程中的负面效应，积极改善和优化人与自然、人与人的关系，建设有序的生态运行制度和良好的生态环境所取得的物质、精神、制度方面成果的总和。[1]本节尝试以此为基础分析生态修复成为生态文明社会建设主要措施的原因。

一、生态修复：生态文明社会建设的主要措施

通过上文对于生态修复的分析可以看出，生态修复至少应当具备如下两个方面的特征：一是生态修复强调人的作用，认为生态修复是在人的作用下促进自然修复的过程；二是生态修复含义包含的内容是广泛的，它不仅要求实现原有生态系统的恢复或重建，还要求了"人文生态修复"，即使人类社会在生态修复中得以实现可持续发展的状态。生态修复的目的一方面在于最终实现有利于社会经济发展的生态系统的平衡；另一方面则实现在法治统领下通过生态修复制度的有效运作实现社会经济的可持续发展。

从马克思主义的生态文明观来看，生态文明社会建设至少应当包括两个方面的内容：一是维护生态系统整体平衡以促进社会可持续发展；二是在社会经济可持续发展的前提下实现对生态系统平衡的更好维护。可见，马克思主义生态文明观认为生态系统平衡的维

---

〔1〕 刘俊伟："马克思主义生态文明理论初探"，载《中国特色社会主义研究》1998年第6期。

护是以人类社会福祉为最终目标的。这就为我国生态文明社会建设提出了宏观要求：一是利用社会经济发展积累的物质基础，通过实现生态系统平衡的恢复或重建，实现环境污染的有效治理和人类生存环境的根本改善；二是在实现生态系统平衡以及人类生存环境巨大改善的条件下更好地促进社会经济的可持续发展。这两个方面的要求决定了生态文明社会建设措施选择的基本标准。

基于上述认识，生态修复当然就能够成为生态文明社会建设的有效措施之一。

首先，生态文明社会建设要求自然得到修复，即使得生态系统依靠自身或人为的作用获得恢复以及重建平衡的能力，达到使自然休养生息的目的。这一过程正是生态修复的主要功能之一。从生态修复的含义可以看出，生态系统平衡的恢复或重建包括两个方面的过程：一是通过自然本身的恢复能力，使受损的生态系统获得一定程度的恢复。但是这种恢复在某些状态下又是难以实现的，有时不得不通过人工的科学促进手段使之更快更好地完成，并且在难以恢复的时候还要重建生态系统的平衡。二是从生态系统平衡恢复或重建的伊始就通过人工的技术手段，建立更加符合社会经济可持续发展要求的生态系统平衡状态。这种状态的实现，主要是通过生物（包括微生物）修复、物理修复、化学修复和植物修复的方式加以完成。如果更直观地说，就是目前各地普遍采取的封山育林、水土保持以及土地复垦等。生态修复的这些手段集中回应了生态文明社会建设在自然层面的措施要求，表明生态修复是生态文明社会建设重要的自然措施。

其次，生态文明社会建设要求社会经济在生态系统平衡恢复或重建状态下能够更好地实现可持续发展，这是生态文明社会在社会修复层面的基本要求。生态修复对这一要求也进行了恰当的回应。生态修复就是通过恢复或重建生态系统平衡达到维护自然权利的目的。由于人是整个生态系统中不可或缺的一部分，因而生态修复从其实施主体到最终受益的对象无不包含了人的因素，所以，在生态修复体现其自然属性的同时也是对其社会本质属性的诠释。生态修复始终是以人类社会的福祉为其存在目的，不论是对于自然的维护还是对于社会经济的促进，都是以社会经济能够实现可持续发展状态为使命。离开社会谈论生态修复，甚至是谈论生态环境保护本身都是毫无意义的。人类不是救世主，无法完全抛弃自我实现他类的救赎，不承认这一点难免会陷入憎恶人类社会本身的歧途。因此，生态修复以其鲜明的社会属性获得了成为生态文明社会建设主要措施的机遇。

综上所述，生态修复不论是从自然方面还是社会方面的建设目的来说都能够作为生态文明社会建设的主要措施之一。

二、生态文明社会的呼唤：生态修复良法之治

生态文明社会的"善治"要求呼唤生态修复的良法之治。生态文明社会建设是一个全面的生态环境善治及其影响下社会治理的过程，这一过程本身就需要管理方法和政策体系的创新，而"环境善治"理念的引入恰恰为此提供了优良的制度构建土壤。"环境善治（good environmental governance）是近十多年来国际上倡导的改革环境管理方法的理论和政策体系。环境善治理论的主要思想是要在环境保护中充分发挥相关各方的作用，并充分利用法律、行政、经济和社会手段，改变环境保护仅由政府（特别是由环境保护部门）独力举办并过分依赖行政手段的局面。环境善治倡导的手段主要有：有效的法律、有权威和有效率的政府、政府与企业的伙伴关系、政府问责制、下放权力、发挥社会机构的作用、公众参与环境管理、环境信息公开化等。"[1] 环境善治是生态环境保护治理的一种较为新颖的管理理论创新，这种理论也是生态文明社会建设中所需要的。善治强调了有效的法律这一主要手段，法律也确是制度构建的前提和保障，生态修复法制化就成为相关制度构建的必由之路。

---

〔1〕 夏光："建立中国式的'环境善治'"，载《中国经济时报》2007年1月11日，第5版。

生态文明社会建设要求的善治是一种良法治理的状态，而良法是一种法制的理想状态，这种状态不仅仅在于理论的创设更在于实践的检验。早在亚里士多德时代，这位伟大的哲学家就给良法定立了三个标准，即良法为公益；良法体现自由的道德标准；良法创设的制度使政权持久。〔1〕我国古代传统思想里对良法也有相应的标准，儒家主张明德慎罚，强调法应具有的两个方面的作用：一是教化以明德；二才是罚。与当代立法中多强调强制性处罚的立法理念相比这种思想更能反映法的本质。注重法的教化激励作用给我们当前生态文明良法之治目的的实现提供了一定的启发。此外，我国法家更是明确了良法另外两个标准：一是"当时而立法"〔2〕即法应顺应时代变化；二是"毋强不能"〔3〕即法要考虑实际情况以及当时的民力。由此可以看出，东西方法治思想中关于良法的标准是鲜明的，并且我们当今的社会立法也都正在或需要遵循这些标准。藉此，生态文明社会建设要求下的生态修复良法应当具备三个最主要标准：一是应全面发挥教化与惩戒的双重立法作用，并体现其最本质的公益；二是应当顺应生态文明社会建设的需要构建生态修复法制体系；三是应体现社会经济发展实际情况，应当允许不同标准的存在。当然，关于生态修复良法的标准还有程序正义、形式正义等，但上述三个标准更能够反映生态修复法制建设的最鲜明特征。

　　良法是生态文明社会中生态修复法制化的方向。良法给法制建设提供了标准，生态修复良法也为生态修复法制化指明了方向。正因为这种方向性指引作用，生态修复良法的三个最主要标准能够决定生态修复法制化建设的最主要内容。

　　首先，全面发挥法的教化与惩戒双重作用，是生态修复法制处理人与自然关系所具体要求的。强制性是法的一个根本特性，但是

　　〔1〕　李龙：《良法论》，武汉大学出版社 2005 年版，第 19 页。

　　〔2〕　山东大学"商君书选注"小组编："商君书·更法"，载《文史哲》1974 年第 4 期。

　　〔3〕　谢浩范、朱迎平：《管子全译》，贵州人民出版社 1996 年版，第 487 页。

并不表示惩戒就是法的唯一作用形式。特别是当法以协调人类自身行为，达到维护自然目的，进而促进人类社会自身可持续发展面貌出现的情况下，法就不能够仅仅以强制性惩戒手段来彰显其权威了。没有教化作用的充分发挥，法律将失去一半的功效。而教化有多重形态，其中一定程度的惩戒也能算是一种教化，但是教化更大程度上是以较为温和的形态出现的。并且，许多情况下，惩戒所取得教化功能也是极其有限的。因为人总是在利与害中有所倾向，并想法躲避惩戒，找机会去逃避义务，很多情况下使法制难以有效实施。对此，现代制度经济学总结了一个重要概念——"机会主义行为"，其最根本的表现形态就是人或企业会趋利避害。这是企业或人的一种本能，这种趋利避害最终导致的结果就是人或企业会不停地查找成本降低的路径，甚至通过违法来换取利益的最大化。而经济学研究认为，约束机会主义行为的最好方式就是激励，这里的激励恰恰就是教化的温和形态。通过激励措施甚至形成激励法制以此补充法教化作用的表现形式，最大限度发挥法的教化与惩戒双重功能。因此，良法对激励法制的要求决定了生态修复法制化的一种倾向，即由惩戒到惩戒与激励并重，甚至更加强调激励。

其次，生态修复良法要体现最本质的公益。最本质的公益应当是建立在个体利益充分实现基础上的更加正义的社会集体利益，最本质的公益需要发挥法的双重作用，体现法的正义价值。分配正义是法的最本质的正义价值，它要求"从立法上对权利、权力、荣誉和报酬等方面进行分配"。[1]并且"就民众的朴素正义观而言，只有最小限度破坏原有秩序和尽最大可能维持人际关系的和谐，在人情、面子、权利义务分配等诸多方面，达到博弈后的均衡，这才是人们心目中最大的正义，而非在国家法的条条框框之下的开庭、审

---

〔1〕〔美〕E. 博登海默：《法理学——法律哲学与法律方法》，邓正来译，中国政法大学出版社 1999 年版，第 180 页。

理、判决和执行。"〔1〕分配正义关注更多的正是这种民众要求的实质正义，只有个人能够有效地从集体那里通过分配或再分配获得相应的权利、权力、荣誉以及报酬等方面的利益时，个人的利己主义动因才能获得充分满足。而在法律控制中，个人主义就应与集体主义相综合、相和谐。并且"利己主义也能够刺激人们的积极性、激励人们做不断的努力，如果制度试图根除或反对利己主义，那么它便是愚蠢的。"〔2〕就生态修复而言，生态修复在实践中多是对某一区域内受损的生态系统的平衡进行恢复或重建，这一区域相对于全国利益而言必然是个体利益。过去我们常常夸大整体利益忽视个体利益的满足，这并不能够更有效地实现全社会的生态文明。生态修复的社会化修复目的就是使得个体利益在社会整体利益实现基础上实现最大程度的满足，使得生态系统受损地区能够获得休养生息以及可持续发展的机遇和能力。这是对生态受损地区及其人群基本生存权和发展权的正义对待，是对此地区或人群最起码的尊重。由此，可以彰显其基于个体利益尊重基础上的社会正义的本质——分配正义。而建立在对个体利益尊重基础上的分配正义，更能够通过法制化形态激励人们在努力实现个体利益基础上，更多地创造并实现社会整体利益，这也充分体现了法制除了强制作用之外的激励作用。因此，从分配正义意义上说，生态修复法制化及其良法形态充分彰显了在个体平等享有权利基础上社会公益是对生态文明社会建设整体利益的准确阐释。

再次，法应时而立，科勒曾经说过，每一种文明的形态都必须去发现最合适其意图和目的的法律。永恒的法律是不存在的，因为适合于一个时期的法律并不适合于另一个时期。法律必须与日益变化的文明状况相适应，而社会的义务就是不断地制定出与新的情势

---

〔1〕 于语和、张殿军："民间法的限度"，载《河北法学》2009 年第 3 期。

〔2〕 [美] E. 博登海默：《法理学——法律哲学与法律方法》，邓正来译，中国政法大学出版社 1999 年版，第 142 页。

相适应的法律。[1] 因此，良法应顺应社会经济发展的形势，做出应有的补充或更正，使其不断完善。同样如此，生态文明社会下的生态系统平衡的维护对生态环境保护立法已经提出了新的更高要求。原有的以工业文明为代表的环境保护和资源保护类法律显然已经不能适应对于生态系统整体维护的社会实际要求。的确，我国现有立法中有环境恢复或土地复垦的规定，但不论是环境恢复原状还是土地复垦都仅仅是生态修复的初始手段或相应技术的某个方面，是工业文明时代生态环境末端治理的典型立法形态。例如，在矿区生态环境保护中有矿山恢复保证金的相关立法，有《土地复垦条例》、《矿山地质环境保护规定》等单行立法，但是这些立法多是从土地复垦这一目的着眼。然而土地复垦无论在技术上还是其立法理念上都仅仅是对一种环境要素的综合治理，根本不是生态系统整体的校正，将生态修复停留在以土地复垦为表现形态的立法最初阶段是不适应当前生态文明社会法制建设需要的。此外，就环境保护立法而言，同样仅仅是对于环境要素的维护，而且这种维护仅仅停留在对于受损环境要素的保护以及对环境利益的赔偿上。对于生态系统整体平衡的恢复与重建却大多予以忽视，或者仅仅满足于环境意义上的小修小补，更难以适应生态文明对于生态系统整体维护的要求。同时，当前我国环境立法还大多以社会利益的损失与弥补为调整对象，并没有形成从根本上恢复与重建受损生态系统的法律治理概念。因此，生态修复良法要求生态修复法制化过程中必须更新原有的仅仅强调某种环境元素或生态要素的恢复治理、土地复垦治理等阶段性治理理念，从生态系统整体着眼，探索适应生态文明社会建设要求并体现对自然和社会"全面关爱"的生态修复法制途径。

最后，法应势而立，即法应当根据实际情况，因地制宜。良法应当体现分配正义，这种分配正义往往是针对地区社会经济发展不

---

[1] Kohler, *Philosopht of Law*, transl. A. Albrechl, New York, 1921, pp. 4~5, 58.

平衡而产生的。我国的基本国情依然是地区社会经济发展不平衡，并且在一段时期内难以根本改变。如果一刀切似的制定统一的生态修复标准，将难以体现对受损生态系统区域内公众权益的分配正义。这就需要在生态修复法制化过程中，使其标准更加因地制宜；同时，生态修复的主体应当多元化，主体的义务也应当有多种承担方式。这主要是因为，许多情况下，资源开发引发的生态系统失衡是一种较为普遍的状态，而这种资源开发的受益方是多方面的，不仅有资源开发方本身也有未开发地区一方，甚至在这些资源开发中国家才是最大受益者，因此，让某一方承担生态修复义务是不公平也是不正义的。分配正义就是要使受损生态系统所在区域内的人群，获得与发达地区相似或者相同的社会的以及经济的发展机遇或状态。这也是生态修复的社会属性所要求的，更是生态文明社会建设的本质性要求。

三、生态文明社会背景下生态修复法制建设的作用

通过上文对于生态修复良法以及生态修复法制化方向的讨论可以看出，生态修复法制化对于生态文明社会建设具有至关重要的作用。法治是社会有序发展的根本保证，而法制又是法治的前提。生态修复良法标准下的生态修复法制化发展趋势更是生态文明社会有序建设的保障。

首先，生态修复法制化是实现生态修复工程顺利开展的制度保证。生态修复本身就是一种自然修复的手段和技术形态，只不过这种技术形态以人为主要动力和执行力。没有人类社会有序的研究和开发并实施这些生态修复技术，自然的修复将是缓慢和无法满足人类可持续发展需要的。因此，通过一定的法制化标准使相应的技术指标能够有序、合理从而更好地为社会建设服务，这是一种良法之治的表现。换句话说就是生态修复有了较为合理的标准和制度运行规制体系，生态修复相应的实施步骤和程序才能有所保证；也正是这些相应制度的运行，才能够使得生态修复工程正常有序运行；生态修复的主体、生态修复的管理者和监督者才能明确，生态修复工程所需要的各种资金才能有所保障。以此为基础，在生态修复工程广泛开展的前提下，生态文明社会建设才能够有序和有效开展，其自然修复的目标才能够尽快实现。

其次，生态修复法制化是生态文明社会建设中"文明"的体现。生态文明是物质文明、精神文明与政治文明之外的另一种更高层次的文明，也是人类在社会经济发展状态下，对于外在自然的一种新的享受。法制则是文明的保障，也正是法制的存在"文明"才具有了不断发展的可能。因此，作为生态文明建设主要措施的生态修复的法制化进程，将为这一文明状态下的社会建设提供有力的保障。生态修复法制是生态文明社会的强心剂，正是生态修复法制对于激励的强调与运用，才使得生态文明有了另一番动力。与原有的强制性惩罚措施相比，生态修复法的激励更彰显一种人性的引导和经济文明的刺激，是精神文明与物质文明更高阶段的产物。这种更高层次的文明能够适应社会经济发展的高级形态，人们也更愿意接受这种引导。生态文明社会的建设才有主动性的因素。

再次，生态修复法制化的目的就是通过制度的运行，更好地实现生态文明社会的"善治"。生态文明社会建设的实质也就是实现人与自然的和谐关系，体现人与自然的协调与利益的均衡。而"善治"的要求也就是使人与自然关系在法律的作用下更加能够达到利益博弈的共通点，实现双方利益最大程度上的均衡。法律产生的因素之一就是利益的博弈，这种博弈一会带来社会关系以及各种利益的有效分配，二则带来人性文明抉择的最基本展示。生态文明就是人性文明在人与自然关系博弈中最新的体现，维护和善待自然就是善待人类社会本身，而以人类社会本身利益最大化的实现促进自然利益更好地维护，是生态文明社会善治的本意。因此，生态修复法制化通过修复自然与修复社会双重目标的实现，体现了人类利益最大化与自然利益维护之间的最均衡状态，是法律中利益博弈均衡形态的最基本体现。因此，生态修复法制化能够为生态文明社会建设善治要求提供最需要的制度。

最后，也是最实际的是，生态修复法制化为生态文明社会建设提供了实践的可能性：一是法制建设能够为社会建设提供最具实际操作意义的制度构建方式，生态修复法制建设能够从制度建设上量化生态文明社会建设的各项要求，例如权利要求和义务承担要求等；二是生态修复法制化将生态文明社会建设的最基本要求——设定为最基本的社会道德标准，并使之上升为国家意志，取得了由理论到社会实践的强制力保障；三是生态修复法制是环境保护法治建设的创新，是其在生态文明社会建设要求下的新发展。生态修复法制理念弥补了原有的环境保护法治建设中只注重惩罚不注重激励，只注重保护不注重修复的弊端，实现了环境保护法治向生态文明社会建设要求靠拢的现实要求。这将使得生态文明社会法治建设更加完整和更符合社会经济建设的实际。

第四节　可持续发展理论与生态修复

　　马克思主义哲学认为意识能够指导实践，而价值观是意识的范畴，因而社会价值观将指引采煤塌陷区生态修复实践的目标选择。既然实现社会经济的可持续发展与生态环境的恢复与重建是生态修复制度建设所反映出的具有共性的社会理想价值观，那么可以说可持续发展与生态环境的恢复与重建是生态修复目标的两个宏观方面。而发展是生态环境根本改善的基础：一方面经济的发展为生态环境保护技术以及生态环境本身的治理和改善提供坚实的物质基础；另一方面，社会的发展为生态环境理论研究，包括环境伦理学研究、环境资源法治研究以及环境经济学和管理学研究的进步提供动力和实践基础。正因为如此，发展是生态环境保护的要求，也是生态环境保护的根本目标。而可持续发展问题是当前发展问题的主要模式和要求。之所以发展具有可持续的要求这是因为：一方面从语义上来说，《现代汉语词典》从发展的协调性以及当代与后代发展利益的平衡角度给其下了这样的定义：所谓可持续发展"就是指自然、社会、经济的协调统一发展，这种发展既能满足当代人的需求，又不损害后代人的长远利益。"[1] 这种定义包含了两个层次的含义：一是协调性，即包括自然、社会以及经济发展三个方面的协调；二是代际公平，即从历史发展的角度照顾到不同阶段人类社会发展的利益需求，维持协调性基础上的利益平衡，实际上这种平衡也是一种程度的协调。由此可见，可持续发展的本质意义在于其社会利益的协调以达到平衡。另一方面从其现实发展意义上来说，可持续发展就是要在一定的历史发展时期内，以最少的资源消耗和最低限度的环境污染来实现社会经济的快速进步；同时利用社会经济快速进步创造的物质和技术知识积累保障资源和生态环境能够满足社会经济的再发展。

可见，不论从可持续发展的语义理解还是从其现实发展意义角度理解，可持续发展的意义都在于其实现以自然促进社会经济发展，以经济发展促进自然的维护。这既包括利用可持续发展创造的物质和技术基础恢复或重建受损的生态环境，以及通过自然资源的可持续利用来实现经济的可持续发展；也包括社会的和谐稳定。从这种意义上来说，生态修复一方面就是通过对自然资源可持续利用能力的维护，以及生态系统自身平衡的修复促进经济的可持续发展；另一方面就是通过社会经济的可持续发展来实现对于生态环境的更好维护。

因此，生态修复制度的构建应当出于以下几个方面的目的：

一、重现良好的生态环境

资源开发地区的生态修复就是在恢复或重建有利于人类生存和发展基础上的生态系统平衡，达到维护资源的可持续利用以及社会经济的可持续发展的目的。从目前生态修复实践来看，生态环境的好坏完全成为衡量生态修复成果的重要指标。生态修复的手段是多

---

〔1〕《现代汉语词典》（第 5 版），商务印书馆 2005 年版，第 771 页。

样化的，人类通过化学的、生物的、物理的手段，将覆土改造、植被重建以及回填技术和水资源保护等措施，具体应用到生态环境自身的恢复和改造过程中去。这使得被破坏的生态系统平衡得以修复，并使其能够为人类所持续利用。以此涌现出的生态环境治理模式的创新和广泛推广已经取得巨大的生态修复作用，并产生了一定的社会效益，这在上述采煤塌陷区生态修复实践中已经有所体现。重要的是生态环境社会治理手段的变革，将生态修复制度创新并完善，使之能够有效地运用到生态修复的社会治理过程中去，促进了生态环境的恢复和重建速度和力度，这正是生态修复社会效用的具体体现。

由此可见，生态修复实践的第一要务就是通过制度的有效运作，使得人类能够加快和加大生态系统恢复或重建的速度和力度，促使生态系统尽快达到有利于社会经济可持续发展的平衡状态。

二、实现经济的可持续发展

生态修复既然以社会经济的可持续发展作为其不懈追求的社会治理目标，那么生态修复也要实现资源开发地区经济的可持续发展。之所以出现资源开发带来的生态环境破坏，是因为许多地区经济发展的主要命脉在于资源的开采和利用。要维持以资源开发为主要发展动力的经济增长模式，并不是希望我们通过政策和立法限制资源开采，而是要使资源开发带来的巨大效益能够最大程度地作用到生态环境维护实践中去，并通过制度的有效运作使得资源的开采更加合理化，发挥资源开采的资本积累作用，最大程度地实现自然资源、生态环境以及经济发展三者间的均衡有序发展。这也正是实现经济可持续发展的必然要求。

而生态修复就是要发挥其应有的社会治理作用，使社会最大程度地实现公平和正义，并在这种公平和正义的促进下实现生态环境利益与社会利益，以及资源开发地区利益与全国整体利益的有效均衡。一方面生态修复将生态环境的全面恢复和重建作为其重要并不懈努力的工作目标；另一方面它又把资源开发带来的全局性经济利益进行公平的分配，并通过经济利益的补偿和赔偿对社会正义进行分配和校正，满足地区特别是落后地区经济发展的机遇，从而平衡国家整体经济利益，实现经济利益关系的协调性。简言之，就是实现经济的可持续发展。因此，实现资源开发地区经济的可持续发展，进而为国家经济可持续发展创造条件，是实施生态修复要实现的目标。

三、实现当地社会和谐安定

要实现社会的和谐与安定，这是由生态修复的社会意义所决定的。资源开发造成的不仅仅是耕地流失、水资源与水环境受到威胁、地质状况产生重大改变甚至大范围的地质灾害等生态环境破坏现象，更主要的是由于各种类型生态环境破坏带来的资源可持续利用能力的下降，以及人们生产和生活资源的丧失，同时还有其带来的对人们享受环境权益的剥夺。如此，一个地区或人群生存和发展的权益就受到前所未有的挑战。不加以有效解决将使得人们丧失对经济发展的信心，并最终将这种对经济发展信心的质疑转嫁到对社会信心的丧失，从而铤而走险，小则威胁当地治安，重则危及政权稳定和社会和谐安定。

生态修复的重大社会意义便在于其对于社会利益，特别是经济利益的有效协调；通过经济利益的社会再分配，使最广大人群经济利益损失受到赔偿或补偿，并保障其再次获取经济利益的能力和途径。从上述采煤塌陷区生态修复实例中可以看出，设立相应完善的赔偿和补偿制度、搬迁安置制度，保障生态修复资金的充足都是生态修复模式成功的关键。这就是说生态修复不仅要实现人们对于经济发展机遇丧失补偿的历史性需求，更要保障人们再生产并创造新的生存和发展条件的能力。因此，从根本上来看，生态修复是要实现其社会意义，这种社会意义最终表现在其对于社会经济利益的协调和保障上。而这种协调和保障所能够带来的是社会经济的可持续发展能力的恢复和重建，这就使得该地区民众的生存和发展能力得以修复，经济利益维护的愿望得以实现。经济决定政治，由此经济利益实现的同时人们经济信心得以维持，对社会，特别是政权正当性的认同感就能够增强。这种信心的获得恰恰是社会和谐安定的最根本信念和动因。由此可见，政府通过实施生态修复实现社会和谐安定的内在目标是明确的。

四、实现对民众权利的维护

国家存在的意义在于对其持有认同观念的民众利益的全面维护，这就是国家与民众间契约权利与义务的真实反映。而任何国家政权机器的存在都是以民众信赖即公信力为基础的。公信力是行政行为的基本特征，一个国家行为的作出必须具有公信力，这是该行为合法的重要标准和基本要素。然而公信力并不是强制的，公众对行政行为的信任并不是来自行政机关强制，相反，公信力的取得靠的是行政机关的诚信和公众与国家利益的趋同。也就是说政府公信力获取并不与民众利益获取相违背，而恰恰是二者利益趋同的必然结果。英国法理学家、哲学家边沁认为人们服从政府统治是出于自身利益的考量，仅仅是因为服从可能造成的损害小于反抗可能造成的损害。他还认为，不仅人民是为了自身利益而服从政府的，政府也是为了社会利益而设立的。一旦统治者的行为与人民的利益相抵触，那人民也没理由再去服从了，政府自身的合法性也不复存在。[1] 从这种角度来说，政府存在或者说其本身合法性的存在皆在于与其管理下的民众利益的趋同，利益认同是政府生存的关键。由此可见，国家与民众利益的趋同及其在此基础上形成的国家行为公信力对于这个国家政权的存在是多么重要。而利益认同主要表现为政府基本的公共服务能力，只有更好地服务于公众，让公众感受到公共服务的关怀，政府自身的统治才能获得支持和认同。法国学者马克·夸克教授把政府满足公众公共福祉的能力视为一种公共责任，这一责任的履行直接关系到政府的信誉和合法性。[2] 也就是

〔1〕 边沁：《政府片论》，沈叔平等译，商务印书馆 1995 年版，第 155 页。

〔2〕 陶振："试论政府公信力的生成基础"，载《学术交流》2012 年第 2 期。

说政府公信力的取得不仅仅是一种责任，它更是一种政府存在的依据。法国历史学家和哲学家托克维尔针对封建政府无力保障人们基本生活需要，从而引起人们普遍不满的情况指出："每个人都因贫困而指责政府。连那些最无法避免的灾祸都归咎于政府；连季节气候异常，也责怪政府。"[1] 因此，政府提供公共服务，满足人们对于自身利益维护的"公共福祉"则是政府取得公信力，获取合法性存在民众基础的重要举措，正所谓"得民心者得天下"。

上述大段论述国家行为的公信力问题都在于昭示一个重要的事实，即国家维护公众权益的能力和程度，将直接关系到这个国家民众是否承认这个政权的合法存在。因此，地方政府维护民众利益的能力和程度也将决定地方政府行政行为的公信力，以及民众对该政府的信任程度，这种程度恰恰又直接影响着相关政策和法规的执行状况，进而关乎国家政权的合法运行以及社会的和谐安定。既然维护社会和谐安定是生态修复的目标之一，那么生态修复的实施理应要在维护社会和谐安定目标的基础上，关注民众的合法权益。

五、实现对社会成员的福利

可持续性理论认为，"保持资源的可持续性并不意味着一定要使资源原封不动，而是要求我们对资源的利用率不会危及子孙后代的利益。就不可再生资源而言，就是要求我们对开采资源的使用方式有利于经济和社会福利的长期增长。"[2] 这就是说资源的开采和利用是人类社会生存和发展所必须的，但保持这种开采和利用是要有一定条件的，这个条件一是要实现当今与未来或者说是当代人与后代人利益的平衡；二则是强调资源开采必须带来经济与社会福利的长期增长。而后面这个条件更偏重于满足当代人，并且是一定地区人们的经济发展和社会福利。经济学研究的资源耗竭理论同样也

---

〔1〕 〔法〕亚历西斯·德·托克维尔：《旧制度与大革命》，冯棠译，商务印书馆1990年版，第109页。

〔2〕 〔美〕巴里·菲尔德、玛莎·菲尔德：《环境经济学》，原毅军、陈燕莹译，中国财政经济出版社2006年版，第22页。

说明资源开采的价值是其在开发利用过程中给人类社会，哪怕是一小部分地区的社会带来的发展以及进步。

　　生态修复是基于资源开采带来的不利影响而展开的，这些不利影响当然包括了人的生活质量的降低。如何弥补由于资源开采带来的，特别是给人类社会本身带来的不利影响是生态修复理论产生的逻辑前提，也是其不懈追求的社会目标。而社会福利是人类社会经济发展的必然产物，也是最大限度缓解资源开发带来的部分社会中的人生产和生活质量降低的有效措施。社会福利是指"国家和社会为实现社会福利状态所做的各种制度安排，包括增进收入安全的社会保障的制度安排。"[1] 社会福利包含了不同层面的要求，而其最低要求是要使得受损的人类利益得到社会的补偿。从上述淮南市采煤塌陷区搬迁安置制度建设实例中也可以看出，满足人们经济利益和其可持续生存和发展利益是生态修复工作的重中之重，而这种保障人们居住、生活乃至今后生产劳作的制度就是社会福利制度的基本形态之一。因此，像这种以搬迁安置作为农村落后地区居民城镇化、经济发展模式现代化重要方式的行为，就是实现以社会保障制度为特征的社会福利，并且类似的社会福利保障了社会经济可持续发展。综上可见，生态修复制度建立必须以社会福利的正义实现为保障，并以此促进社会经济的可持续发展。

第五节　激励理论与生态修复

一、激励理论与法律制度建设

　　激励理论是经济学以及管理学领域对环境政策和法治建设提出的最新要求和完善方向。激励不仅仅反映出其作为个人活动促进手

---

〔1〕　尚晓援："社会福利与社会保障再认识"，载《中国社会科学》2001 年第 3 期。

段的实践意义，更表现出其作为社会组织乃至整个社会经济进步和发展的巨大动力元素。而环境问题归根结底正是另一种形式的社会和经济问题，因此激励将成为解决环境问题及其影响下的相关社会和经济问题的关键因素。如果生态修复就是要解决环境及其影响下社会和经济问题，那么环境激励理论及其措施对于生态修复就具有举足轻重的作用。

与激励理论在经济学领域的发展与运用一样，环境激励理论在环境经济学中也占有举足轻重的地位。环境经济学研究表明"激励是一种对人类行为起诱导或驱动作用的力量，引导人们按照特定的方式调整自己的行为。实践中激励主要有物质和非物质激励手段等，物质手段的激励就是经济激励，即运用经济手段协调人们的生产和消费活动，使人们愿意做的事情能够增加他们的物质收益；而非物质手段则包括了自尊、保持优美的视觉环境的渴望、希望给别人树立一个好榜样等。"[1] 对个人的激励以及对管理者的激励而言，一方面激励可以激起人们从事环保事业的主动性，使得环保成为自身发展的一种现实需求，自觉维护环保成果，遵守环保法律法规；另一方面对管理者的激励可以激发管理者的服务意识，提高管理者的主动性和能动性加大对环保活动的监督力度，提高管理水平。同样，激励对于减少工业污染也是非常重要的。所有企业都在一定的激励制度下从事生产活动。在市场经济中，增加利润是最常见的激励。对于企业激励而言，激励作为一种经济手段可以激励企业自觉履行自身的环保责任，尝试进行生态环境改善相关的基础性投资，甚至直接进行环保产业的投资等。

激励法是我国法制史上被人忽略了的法制文化，事实上我国法制发展的历史是惩戒法与激励法共生共继的存在史。人们强调法家人性本恶，惩戒、强制的法制理念，却从没有正视我国法制文明刚

---

〔1〕 参见［美］巴里·菲尔德、玛莎·菲尔德：《环境经济学》，原毅军、陈燕莹译，中国财政经济出版社2006年版，第5页。

柔并济、奖惩并举的真实意志。特别是近代以来，外国法治思想传入更加搅乱了人们对我国法制文明的重视程度，以德配天、以情予法的惩戒与激励并存的法制思想更被人刻意嘲笑和遗忘。但是正是西方发达的法治文明点醒我们，法除却惩戒之外的那份含蓄的尊严——激励，是事实存在的法制文明，更是我们欠缺必补法治课程。

西方发达的法治文明告诉我们，激励不是经济学或是管理学研究的藩篱，恰恰是法律使之成为一种社会秩序。功利主义法学家边沁指出，"社会应当鼓励私人的创造努力和进取心，国家的法律并不能直接给公民提供生计，它们所做的只是创造驱动力，亦即惩罚与奖励，以刺激和奖励人们去努力占有更多的财富。"[1] 值得庆幸的是激励法学研究越来越受到我国学者的广泛关注，早在1986年姜明安先生即在其《行政法学概论》一书中，把行政奖励行为作为一种独立的行政行为加以分析。此后如沈宗灵先生亦提出在社会主义社会里，由约束消极行为，进而发展到激发积极行为，人们由被动地接受控制进而到积极地参与，这不能不说是法律规范的极大进步。同时这也从一个侧面反映出社会的进步。[2] 2012年倪正茂先生出版了《激励法学探析》的专著，该书除详细介绍了我国法制发展历史长河中那些被忽略的激励法制外，还分析了激励法学定义、存在价值及其主要内容等具体问题，可谓是激励法学研究的重要文献。《激励法学探析》一书虽然尚存一些值得商榷的问题，但是至少可以看出激励法制正在为我国法学研究所关注，激励法治文明正在重新成为我国法治建设的重要组成部分。

环境资源法治是我国法治建设的重要组成部分，环境资源法也是我国法学研究的重要部门法之一。如果问激励问题哪门法律最适合广泛研究并实际作为调整社会关系的主要手段，环境资源法再适

---

〔1〕 倪正茂：《激励法学探析》，上海社会科学院出版社2012年版，第19页。

〔2〕 沈宗灵：《法理学研究》，上海人民出版社1990年版，第208～209页。

合不过了：首先，现代环境资源法治是社会治理工具，不是单纯的政府行政行为规范治理手段。这是由环境保护运动所倡导的公众环保意识觉醒的现实所决定的。当代民主国家无不把环境问题作为政绩的重要注脚，解决环境问题是一个得民心用民意的社会共治过程。环境资源法治作为一种民主时代国家进行社会治理的手段正在成为民主国家法治建设的主流。既然存在民主的治理，那么惩戒不再是国家的特权，国家也不应再以国家权力一味地强制民众遵守环境资源法治，这是环境民主法治进步的主流理念。其次，并不是所有的环境问题都能够以惩戒作为治理手段。环境资源法治的民主化进程说明，作为社会治理的环境资源法不能把阶级斗争的残酷作为民众守法的约束手段，环境资源法作用的充分发挥更不是依赖以惩戒为核心的规范体系所能够达到的。环境保护深入人心是一种理性的人类文明，也是一个逐步开展的过程。可能在发展之初需要环境违法惩戒作为高效的治理手段，但是到了民意觉醒、民众环保意识可用的今天再依赖国家管理者简单，甚至些许粗暴的惩戒手段已经不能够达到环境资源法治文明进步的作用。正所谓民不畏死奈何以死惧之？再次，当前环境资源法治发展的实践证明惩戒已经达不到环境资源法治的教化作用，而以激励为手段的环境政策正在为多数发达国家环境资源法治建设所接受。最后，环境与经济发展的相互依存关系表明，环境资源法治如果不体现环境经济激励措施的建设要求，那么它就是不合时宜，也是不完整的。总之，环境激励法是现代环境资源法治建设的趋势，它应当成为环境资源法治建设的主要组成部分。

二、激励制度有助于生态修复义务的自觉履行

激励制度的建立和完善有助于资源开发者自觉履行生态修复义务。企业是资源开发的主体，也是资源利用的直接受益方，但却是当前最想摆脱环境义务的一方。这主要是由任何企业都是以利润的最大化为其存在和发展目的的经济现象所决定的。企业追求利润最大化的动机产生了严重的机会主义[1]倾向，而现有环境资源法制及相关政策又都强调惩戒与强制，极大程度上造成了不当激励现象的发生，从而难以有效遏制企业在生态修复责任承担上的机会主义行为。生态修复实践可以看出，在许多地方，企业并没有完全承担起应有的社会重建义务，甚至由企业承担生态环境本身的恢复和重建也成为个别案例。一方面企业难以承受所有的社会和生态环境治理负担，这是一个现实问题；而另一方面更重要的是一些受益地区的政府和企业往往在缴纳排污费、许可费用以及资源税费后实现"缴费走人"的目的，把所有的生态修复责任丢给生态环境受损地区的企业和政府，"不当激励"现象十分明显。企业机会主义行为集中反映在这些现象中，而现有的负的激励措施没有发挥它应有的促进社会经济发展、约束企业机会主义行为的作用。因此，在生态修复制度建设中必须寻找与地区社会经济发展状况相适应的正的激励措施，发挥激励措施的全部作用，减少或消除不当激励现象的存在。这就要求要通过环境资源法治的完善，加强立法中正的激励措施种类和方式的多样性，建立符合生态修复的法治，引导和鼓励资源开发及利用地区公民、政府和企业自觉履行应尽的生态修复责任和社会义务，促使他们积极投资生态修复工程和建设。

生态修复激励制度的实施有助于民众经济利益的实现和管理者管理义务的有效履行。要最大限度地实现民众经济利益和调动管理者积极履行管理义务的热情，就是要进一步将环境激励的物质和精

---

〔1〕 机会主义行为是威廉姆森交易成本理论的一个核心概念。新制度经济学家威廉姆森认为，人们在经济活动中总是尽最大能力保护和增加自己的利益。自私且不惜损人，只要有机会，就会损人利己。损人利己行为可分为两类：一类是在追求私利的时候，"附带地"损害了他人的利益，例如化工厂排出的废水污染了河流；另一类则纯粹是以损人利己为手段为自己谋利，如坑蒙拐骗、偷窃。机会主义行为使各种社会经济活动处于混乱无序状态，造成资源极大浪费，给社会带来难以估计的损失，阻碍了社会的发展。具体到管理活动中，机会主义行为会降低管理绩效，使管理目标难以达成。参见百度百科，http://baike.baidu.com/view/1431933.htm，最后访问日期：2012 年 11 月 23 日。

神基础建立起来。对于个人或者管理者而言，物质利益的激励和管理绩效的评价都是至关重要的。而个人的物质利益引导以及管理绩效评价的精神引导的基础都在于环境激励措施的经济性本质。物质利益的激励需要以经济的全面发展为基础，经济利益最大化获得才是激励的物质基础。因此加大资金投入的强度和范围，使得居民重新获得经济发展的机遇或者获得相应利益减损的经济补偿和赔偿，都是正的环境激励措施所应当具备的。同时管理者管理绩效的评估关系到管理者升迁及其他物质和精神利益的获得，因此将生态修复成果与管理绩效挂钩的激励措施也将有助于生态修复管理工作的有效开展。

三、激励制度促进并保障生态修复产业兴起与发展

生态修复激励制度的建设有助于最大限度支持生态修复产业的发展，实现该产业发展的巨大社会价值。"生态修复客户来源主要是政府、大型矿、水、油类企业；具有投资门槛较低、见效快、行业成本与收入波动性小、持续盈利能力较强等特点。为了应对气候变化并改善生态环境，我国政府提出了 2020 年全国森林覆盖率从目前的 20% 增加到 23%，2050 年森林覆盖率达到并稳定在 26% 以上的目标。多家券商认为，包括污染土壤治理、矿山生态修复、沙漠化治理和园林绿化等方面的生态修复行业，已成为中国经济结构转型，大力发展新兴产业的重要领域。"[1] 这是对生态修复产业巨大发展潜力的真实描述。生态修复产业的迅速兴起与发展，并具有今天这种规模与政府的前期政策支持和资金投入以及经济发展的巨大推力是分不开的。

在生态修复产业的兴起与发展问题上，政府的政策和财政激励措施是最大的诱因。在环境保护和生态修复上，相关的法律法规越来越趋于严格，分步式目标逐步清晰，政策扶持力度也不断加码。

---

〔1〕 "生态修复产业万亿金矿待挖掘 11 股有望爆发"，载网易网，http://money.163.com/13/0802/08/958PTHCC002540BQ.html，最后访问日期：8 月 24 日。

2012年12月份，国务院召开常务会议，研究部署土壤环境保护和综合治理工作，确定了五项主要任务，即：严格保护耕地和集中式饮用水水源地土壤环境；加强土壤污染物来源控制；严格管控受污染土壤的环境风险；开展土壤污染治理与修复；提升土壤环境监管能力。随即，国家还将在内蒙古、湖南、浙江、江西等14个重金属污染最为严重的省区市展开砷、铅、铬、汞等重点污染物的源头减量和土壤修复治理试点工作。可以说从总体政策的导向上，生态修复产业将大有可为。

同时，在矿区土地复垦和生态修复问题上，按照国土资源部《全国矿产资源规划（2008~2015年）》的要求，到2015年，新建和生产矿山的矿山地质环境得到全面治理，历史遗留的矿山地质环境恢复治理率达到35%，新建和在建矿山毁损土地全面得到复垦利用，历史遗留矿山废弃土地复垦率达到30%以上。为此国土资源部又于2013年1月发布了《土地复垦条例实施办法》，在制度上进一步为土地复垦等一系列矿区土地生态修复工程的实施提供了保障，也创造了以矿区生态修复为主题的相关产业发展的机遇。

在投资金融领域，在生态修复领域均有上市公司涉足。其中，园林绿化上市公司相对较多，竞争比较激烈。在A股上市公司中，土壤污染治理、荒漠化治理、矿山复垦、园林绿化等均有上市公司涉足。其中，园林绿化上市公司相对较多，竞争比较激烈；而土壤污染治理、荒漠化治理、矿山复垦等领域还没有具有龙头市场地位的公司。未来拥有"技术＋资金＋政策"三项全能的公司，将成为生态修复行业发展的最大受益者。因此，这种应对气候变化的政策需求也已经或将巨大刺激国内生态修复技术、金融等相关产业的发展。

由此可见，不论是政策的直接支持和法治保障的完善，还是金融投资领域蕴含的竞争商机，生态修复产业的兴起和发展都已经离不开多种激励形式的广泛存在。在政策需求上，生态修复激励制度的建立将对生态修复产业的发展具有不可估量的助推价值。

四、激励制度是生态修复法律制度建设的重要内容

生态修复制度建设既是一项生态工程也是一项政治工程，更是一项社会经济发展工程。生态修复两个主要目标的确定表明，其相应制度的建设必须以实现生态的、环境的以及社会的治理任务为目的，而不论是生态的、环境的还是社会的目标都明显取决于社会经济目标的实现。经济的发展恰恰与激励措施的运用是不可分离的，因此，激励制度的构建不论是在以生态修复法治为主的制度构建中，还是在其目标实现的经济基础的实现上都是不可被忽视的重要内容之一。

（一）生态修复的行政管理主体需要激励

在近期发生的一系列环境污染事件中，环境执法者总是在被迫执法，媒体不曝光，舆论不造势，执法者总是在沉默中旁观每一次环境污染事件。以康菲公司事件为例，漏油事件发生伊始，最早关注和介入事件调查的不是环境执法部门，而是媒体和大众，国家环境执法部门在几天之后才组织调查和公布相关环境信息。环境执法者惰于执法现象这已不是第一次了。从松花江事件到紫金矿业事件无不暴露出公众对环境执法者的批评和抱怨。由此可见管理者在作为执法群体时的惰性。

究其原因可以做如下解释：一是环境执法面临多方压力，执法已不是一个部门或者利益群体一方的事情，甚至都不是一个地区所能完全控制的问题。环境执法涉及利益的多元化和环境执法对象与被法律保护的对象以及其他利益相关方之间的深度博弈，迫使执法者不得不承受各方意见的广泛冲突。在多种利益之间走钢丝是环境执法者目前的真实写照。二是环境被迫执法情况严重，非执法者左右环境执法者执法取向的现象被视为普遍正义。当前发生的许多环境污染案件都是在公众舆论的普遍曝光下而为公众所知，并引起正义问责的。特别是涉及国家部门利益的垄断企业以及地方重要垄断企业的环境污染案件，环境执法者往往是在舆论的压力下，或者是在政府急于扭转不利形象的强制命令下做出相关的处罚。这种处罚

显然没有站在第三方公平、公正的角度上。例如紫金矿业污染事件，松花江污染案等案件环境执法者都是在公众舆论的压力下和政府问责下被迫做出的处罚决定，甚至个别案件环境执法者反而被问责，这岂不荒唐？恐怕法制的强悍也不至于如此黑白不分吧。

环境执法者的惰性代表了环境管理者的集体心态，可见一味强制惩戒和监督不能够改变这种心态，只有通过激励制度的建立，将管理者个人利益同环境问题以及由此引发的社会经济问题处理绩效最大限度联系起来，激发他们的主动性和进取心，环境管理者们才能够最大限度发挥其管理优势和管理效率。因此，生态修复制度中应当有针对行政主体的激励制度，敦促其努力执法，认真守法，克己奉公，提高其工作效率。

（二）生态修复义务承担企业需要激励

建立激励制度能够最大限度调动企业投资的积极性，激发其承担社会责任的主动性，促进企业生态修复责任的承担。企业是生态环境问题的最大麻烦制造者，因而其理应成为生态修复的主要责任方之一。但是企业总是竭尽全力逃避这一责任，究其根源就在于企业环境违法成本低下，环境社会责任承担动力不足。对此，王灿发教授曾经撰文指出我国企业环境违法成本不及环境治理成本的10%，不及危害环境代价的2%。[1] 当然，违法成本低下是企业逃避社会环境责任原因的一个重要侧面，但另一个重要原因是环境违法的约束制度中缺少了激励制度的存在。企业是以追求利润最大化为存在和发展目标的，并不是有些人所粉饰的以社会责任承担为使命的。企业这一生存哲理决定了它的机会主义行为的存在。社会经济的发展需要企业从自身发展、满足私益角度出发，最大限度地赚取高额利润以实现企业实力的不断壮大。同时，企业竞争的残酷性，决定了企业不得不抛弃一切影响竞争的事务，而专注于企业整

---

〔1〕 王灿发："环境违法成本低之原因和改变途径探讨"，载《环境保护》2005 年第 9 期，第 32~34 页。

体竞争力的加强。但是从成本的角度来说，维护生态环境必然导致短期成本的增加，并且会无形中增加企业的社会责任负担，表面上看会降低企业竞争的实力。因此，尽力逃避社会责任，摆脱生态环境维护成本，追求企业利润最大化，增强企业自身竞争能力是企业之所以进行机会主义行为的思想动因。

这种机会主义不是仅仅通过法制的强力惩戒可以避免的。我国传统法哲学对此就有精辟阐述，《左传》中记载郑国子产认为"……夫火烈，民望而畏之，故鲜死焉。水懦弱，民狎而玩之，故多死焉"。亦即所谓的"人怕火不怕水"理论[1]。这就是说人在做任何事情的时候是有选择的，火作为人人都怕之害多不敢玩狎，但一旦遇到水这一看似无大害事物时人人都可以一戏。结果表明，人在选择避火之害时就比遇水之害时来的成功。然而，人并不是遇到火就一定趋而避之，《韩非子》说蚕子就像毛虫，鳝鱼就像蛇，本来人看见了毛虫就会毛孔悚立，看见了蛇就会心惊肉跳，但是"……妇人拾蚕，渔人拾鳝，利之所在，则忘其所恶。"当然这一比喻有所不当，但是可以发现有人在火一样的东西面前依然铤而走险。[2] 因此，不断增加企业的违法成本，有可能更加促使它们想法摆脱环境资源法制的束缚，将违法成本转嫁给整个社会，以最简单的方式解决生态环境维护成本的问题，古语说火中取栗即是如此。上文对激励问题的理论分析也可以看出，激励是避免企业机会主义行为的最有效手段，激励可以弥补惩戒性法制的不足，鼓励企业承担社会环境责任。基于此，生态修复应当建立针对企业乃至整个社会的环境激励制度，最大限度调动其进行生态修复的主动性。

（三）公众参与生态修复需要激励

激励制度的建立也将有利于鼓励公众参与生态修复。通过激励

---

［1］（西汉）《春秋左传正义》，杜预注，孔颖达等正义，上海古籍出版社 1990 年版，第 861 页。转引自刘星：《中国法律思想导论：故事与观念》，法律出版社 2008 年版，第 38～39 页。

［2］ 刘星：《中国法律思想导论：故事与观念》，法律出版社 2008 年版，第 40～41 页。

制度的建设使公众能够从参与生态修复活动中得到利益的最大化满足，是公众参与生态修复制度建设的重要推动力量：一是通过激励措施的实施调动公众参与生态修复工程建设全过程的积极性；二是激励法治的健全保障激励效果能够使公众参与生态修复获得利益，或者直接实现本身的利益诉求；三是使得公众参与能够有国家强制力的保障，排除行政机关的惰性，主动维护公众权益；四是激励制度还可以将公益诉讼的成本降到最低，从而鼓励环境公益诉讼的发展。

（四）激励有助于解决生态修复资金问题

激励制度的建立有助于拓展生态修复融资渠道，解决资金问题。生态修复工程是包括了像搬迁安置工程、覆土改造工程以及景观恢复或重建工程等具体工程在内的较为复杂的以人为主导的生态环境综合治理工程。这些工程的实施不是少部分的资金可以解决的，它不仅需要资金的充裕更需要资金链能够不间断，长久存在。虽然国家是生态修复的最大责任方，但是国家的财力必定是有限的，即使有国有企业的资金投入实际上也是难以保障资金长久和不间断供应。因此，广泛吸引有关社会投资和捐助、扩大融资的范围是解决资金问题的有效途径之一。例如淮南市在采煤塌陷区生态修复工程建设中争取世行资金的投入就是一个较为有效的方式。但是并不是所有的工程都能够这样获得世界资金的支持，怎样鼓励社会主动地投入到生态修复工程建设中来就成为一个较为现实的问题。而激励理念就是要激发企业这一经济社会的主要组织形式追求利润最大化的本质意识，通过税收优惠等政策措施吸引企业主动投资，例如可以鼓励企业投资进行土地的复垦、景观的重建，并允许他们优先利用土地进行商品房建设，将搬迁安置工作以较为优惠的条件交由他们投资，新建城镇社区、城市绿化项目等。目前在安徽省淮北市和淮南市都有搬迁安置项目的建设问题，完全可以将新城建设与生态修复工程结合起来，允许社会的广泛投资。此外，还可以鼓励有条件的单位投资生态农庄建设，不仅可以修复原有的土地，还可以解决失地农民的再就业问题，这一点在淮南市实践中，就有后湖模式成功的例子。总之，通过激励制度的建设，鼓励社会资本的投入是有效保障生态修复资金长久、稳定投入的重要路径。

综上可见，激励能够为生态修复带来前所未有的动力源泉，激励制度建设已经或者应当成为生态修复制度建设的主要内容。实际上激励法治或政策的实施已经成为现代主流发达国家环境治理的重要手段之一，这一点可以从对各国环境激励政策的考察中得出结论。

但是，除上述所论外，关于生态修复激励制度的建设还应当注意将恰当的环境激励体现在相关法制的健全和法治的有效运行中。法制是制度建设的前提条件之一，而有效的法治是制度构建并有效运转的关键。当前建立有效的生态修复法治首先是要避免现有环境资源法制建设中存在的"重典"倾向，将法的引导和教化作用发挥出来，这也正是环境激励中正的激励得以彰显的制度保障。正的激励为环境资源法所吸纳也是环境资源法制完善的一个社会要求和趋势。环境资源法的发展区别于其他部门法发展的一个重要特征就是其与社会经济实践联系的紧密性。有人认为环境资源法"上可管天，下可管地，中间可以管空气"。这是对环境资源法作用和存在基础的过度曲解，也不利于环境资源法作为独立学科的发展。环境资源法或者说环境与资源保护法学存在和发展依赖的是其独立的"品格"，这种品格直接与社会经济实践相关。实践中的社会和经济性才是环境资源法的最显著品格，实践中环境问题引发的社会经济问题才是环境资源法所最关心和最需要环境资源法规制的现实问题。这就是说"天、地和空气"中与人们最密切的环境和经济利益才是环境资源法所关注的。而环境激励措施是环境经济领域最重要的治理手段，因此，环境资源法治中必须有恰当的环境激励措施作为根本制度，不仅是负的激励更重要还要完善正的激励。唯基于此，生态修复法制建设才更要进一步完善其激励制度，在以环境资源法治完善为基础的生态修复制度建设中才能更体现恰当法律激励的重要作用。

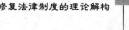

小 结

生态修复本身是一种先进的自然科学理念，但是这种理念只有转化为社会制度并加以实践才具有实施的稳定性和实效性。因此，从法理的高度阐释生态修复不仅是生态修复法律制度建设并完善的前提，而且将是一种新的研究领域的开拓创新。生态修复法律制度的建立也不是无本之木、无源之水的主观臆造，它是多种理念支持下的实践总结。这种总结对于应对气候变化视野下的生态修复法律制度建设具有重要的理论支撑和指导作用。虽然生态修复实践在一定范围内已经有所开展，相关的制度建设也较为多样，但是这些制度都是基于非生态修复理念，甚至是已经显得较为陈旧的理念而为的。重新从较为符合中国国情需要的理论高度阐释生态修复本身的社会属性，树立正确的生态修复理论支撑点显得极为迫切。

生态文明社会建设与应对气候变化是当前国家面临的重要法治建设要求和任务。而生态文明理论与可持续发展理论又是生态文明社会建设要求下，应对气候变化法律制度建设的两大最现实的理论支撑点。党和国家新时期建设生态文明社会的战略布局已经明确将应对气候变化法治建设作为一种重要的手段和任务来抓。应对气候变化法制建设的目的就是保证生态文明社会建设目标的实现和我国社会经济可持续发展目标的实现。基于此，研究生态文明理论与可持续发展理论对于应对气候变化的生态修复法律制度的建设具有重要的现实意义。同时，激励又是当代经济管理制度中重要的手段之一，激励理论的发展与创新对于基于社会管理目的的法治建设实践尤为关键。激励制度的形成也有助于发挥法的双重作用，应当是任何法律制度建设中都不应忽视的制度建设内容。因此，在应对气候变化的生态修复法制建设中激励也是必不可少的制度建设内容。

未来生态修复法律制度建设构想

生态修复不仅是应对气候变化重要的技术手段，由其而生的生态修复法律制度也是应对气候变化社会治理的一种重要的法制手段。同时生态修复相应法律制度的完善也可以为应对气候变化立法及其制度体系的形成提供有益补充。与应对气候变化立法不同，生态修复的法律制度已经有广泛并相对成熟的制度构建基础，但也有随生态文明社会建设需要、可持续发展需要、分配正义实现的需要以及激励法治发展的需要进行再完善，甚至进行重构的必要性。根据应对气候变化立法建设的国内实际需要进行理念、法律关系、法律原则等方面的研究，则是构建完善的生态修复法律制度的前提。

第一节　生态修复法：应对气候变化时代发展的捍卫者

关于发展与环境的问题始终是困扰人类社会发展的矛盾命题。但是这种矛盾从历史发展的脉络来看，目前对于发展中的国家和地区可能更为现实和难以抉择。为发展中的人类进行辩护，是笔者贯持的立场。人从生存的那一刻起就不停为继续生存而努力，发展即是这种努力的过程和结果。如果承认人的最基本权利是生存与发展权，那么就应当对人类求生求存的本能有所敬畏。发展并不是什么可怕的事情。承认人区别于其他动物的特征在于人有欲望限制的本能和社会道德，就应当承认人发展以求生本能存在的合法与合理性。为发展以求存，人类可以做其限度内可以做的任何事情，无可厚非。这里总算提到限度了，就是这个限度，人才具有成为人的理由。从限度发展的可持续发展理论成为主流意识形态起，环境和发展问题的症结似乎找到了可以相互妥协的可能。

事实正是如此，正视自然的自我平衡能力，强调生态系统维护重要性的同时，重视其自我修复能力是这种限度得以存在的直接证据。生态修复正是人为增强自然生态系统修复能力的有效途径，它的法制化也正是强调可持续发展理论的法治实践过程。然而生态修复实现可持续发展的手段并不仅是强调一种限度，而是一种人类自我欲望限度下，能够作用于发展终极目标的人与人之间相互联系的某种社会关系。这种社会关系成立的关键在于实现人与人之间最基本人权——生存权与发展权的分配正义。是"分配正义式"的发展动因造就了可持续发展社会，是生态修复通过实现社会分配正义理念支配下的发展模式，回应了应对气候变化时代社会可持续发展的本质。

一、当可持续发展成为一种争论，谁来定分止争

在国内，提到发展，我们自然而然就会想到一个老生常谈的话题"可持续"，但是我们所认为的"可持续"或者说"可持续性"并非仅仅如上文中所理解的那样。至少在其他国家的研究中，可持续是一种争论，甚至还是一种政治主张的对立形态。所以不能够不假思索地将其运用于当前社会发展模式的选择中去。然而国家选择这种可持续发展形态，必有其固定的适应其国情的理解方式。

（一）可持续发展的两面性

西方政治生态主义者在其主张中将"可持续"或者说"可持续社会"分为两个主要特征："一是发达工业国家中个体的物质商品消费应当减少；二是人类需要并不能像我们今天理解得那样可以通过持续的经济增长得到更好的满足。"甚至以此为思想基础支持

其所谓的绿色运动,"绿色分子"借此提出两个方面的政治主张,一是限制人类的消费渴望;二是弱物质主义。最不可思议的是一些激进的"绿色分子坚持他们关于地球的长期可持续性将取决于人口的减少的信念,主要基于较少的人口将消耗较少的物质对象"。甚至还有人提出:"为了减缓我们自然资源的迅速耗竭,我们不仅需要放弃经济不断增长的观念,还要控制世界范围内的人口增长。"这一主张被公认为:"一个种族灭绝邀请书"〔1〕绿色分子们可能已经自然而然地被"环境法西斯主义"化了。但是有一点我们必须承认"……最好的资源政策如果不与人口政策联系起来也会注定失败。"〔2〕此观点虽然出自法西斯主义化的"绿色分子"的部分主张,但抛开其反人类本质,资源保护与人口政策密切联系的思想有其合理的一个方面,关键看如何理解这种联系,以及如何看待可持续发展问题。这种可持续发展的理论的支持者在西方并不是少数,绿色和平组织的激进主张已经越来越接近这种观点。违背人类生存和发展基本伦理的理论也肯定是不能成为可持续发展的主流理论来源的。因为这种主张不仅承认有选择地剥夺其他人生存与发展权的合理性,并且最终将发展看做是人类的罪恶,将可持续发展的服务对象限定为地球生态系统整体,而人类仅仅是这种可持续发展的障碍。如此可持续发展主张已经偏离人类基本伦理所能容忍的极限太远了。事实上,它所谓的可持续就是非人类的可持续,并不是真正社会意义上的可持续。

上述主张是某些生态主义者的政治主张,但是与之相近的环境主义者对于可持续性的看法就相对温和了许多。"环境主义主要来自'弱人类中心主义'、'开明人类中心主义'或者'现代人类中心主义',来自'新人道主义',来自扩大化了的博爱主义。环境

---

〔1〕 〔英〕安德鲁·多布森:《绿色政治思想》,郇庆治译,山东大学出版社2012年版,第17~18页。

〔2〕 〔英〕安德鲁·多布森:《绿色政治思想》,郇庆治译,山东大学出版社2012年版,第19页。

主义的基本精神是：在意识到自然环境日趋恶化并威胁到人类生存之后，主张为了人类的持久生存和持续发展，为了子孙后代的基本权利而保护环境；合理利用环境资源，并将人类内部的伦理关怀扩大，使之涵盖动物、植物和非生命存在物；同时，坚持人类中心主义、坚持二元论，维护和适度改良人类现存的文化、生产生活方式。"[1] 正如环境主义所表现出的"温和"实质那样，其在承认人类生存权和发展权的基本人权价值观基础上认为，人类社会是可持续发展的，限度开发和利用自然的目的在于实现人类生存与发展的基本人权。或者也可以这样理解，环境主义论者所认为的可持续发展的实质就是有限度利用和开发自然，使之能够为人类持续生存与发展提供源源不断的物质基础。并且，在能否运用技术解决人类所带来的各种生态环境危机问题上，环境主义与前述生态主义者所坚持的观点也是不同的，"环境主义者未必认同增长的极限主题，他们也不一定寻求解散'工业主义'。他们不太可能主张非人环境的内在价值……环境主义者大都相信技术可以解决它所产生的难题，并且可能将任何关于只有整个生产过程中物质耗费的减少才能带来可持续性的看法视为臆想胡言。"[2]

可见，我们在选择或者随口说出可持续发展这个词汇的时候不得不面临着主义的抉择，是人类的或者自然的，是生态的抑或环境的。总之关于可持续内涵的争论与主张的对立，使得我们在选择可持续发展的道路时应当保持足够的警惕和谨慎。我们在考虑可持续发展问题时大多更加倾向于环境主义的观点，可持续是人类的可持续，这是社会意识形态的主流观点。但是我们的发展观又是接受了人口控制理论的可持续发展观。这种混杂的发展观使我们习惯上不加以区分地称之为可持续发展。

---

〔1〕王诺："'生态的'还是'环境的'？——生态文化研究的逻辑起点"，载《鄱阳湖学刊》2009 年第 1 期。

〔2〕［英］安德鲁·多布森：《绿色政治思想》，郇庆治译，山东大学出版社 2012年第 2 版，第 34 页。

（二）依分配正义之义为可持续发展正名

如果简单地承认是一种限度形态发展的话，那么可持续发展则是一种限度发展的抽象形态，这种抽象背后的具体化必须颇费周折加以说明。谁来限？限制谁？度在哪？等等，这些都是复杂的话题。但这些话题说到底都涉及一个标准的问题，即拿什么来考察可持续发展中不同人群的生存与发展权问题。毋庸置疑，基本人权人人平等，作为基本人权之一的生存与发展权也应当是平等和不受侵犯的。如果说可持续发展是一个人类发展以求生存的模式的话，那么直接衡量这种模式的标准则可以更加直接地归结于经济利益，甚至是生存的福利。似乎可持续发展的本质意义也初现端倪，概括来说就是通过基本生存与发展权的维护以及相应义务的履行获得更多经济利益和其他福利。无论是社会还是个人，发展都是为了更好生存，而经济和福利是这种"更好"的现代注解。

可持续发展强调维护生态系统的整体平衡，维护自然界环境安全，甚至维护地球每一个生命，其根本目的都是在于使得人类得以延续。而人类延续的需求并不是那么简单，除了权利义务的平等享有外，经济以及其他相关福利的获得都是人们延续的生存和发展内涵。经济的，乍听起来都是如此世俗，简直有点俗不可耐，但是恰恰人们的所有活动都是基于这种经济利益的支持。经济毕竟决定了政治。可持续发展的这种经济要求使我们不得不承认，可持续发展即"适度地行动，就是当他本人能为他人和自然的保存做出贡献时，不再强求于他人和自然。在这方面，消除不可再生资源和不能循环利用之财富的人为紧缺性，比对它们的任意使用更加重要，否则就做不到持续发展。""我们对持续发展的规定是：一种持续的发展使当代人有尊严的生活成为可能，却又不威胁到未来后代和自然之生命的尊严。"[1] 因此，以财富为代表的经济利益及其相应福利

---

〔1〕 ［瑞士］克里斯托弗·司徒博：《环境与发展——一种社会伦理的考量》，邓安庆译，人民出版社 2008 年版，第 346 页。

获得的能力，已经直接决定了个人乃至整个社会可持续发展的实现能力。而权利义务平等享有是经济及其他福利得以平等享受的根本保证和政治前提，平等享有权利、履行义务又恰恰是分配正义的内涵。以经济利益及其相关福利平等获得，或者更直接点说以财富平等分配为代表的发展需求，彻底将分配正义与可持续发展联系在一起。我们可以将其称为"分配正义式"的可持续发展，或者干脆称之为"分配正义式"的发展。

二、为发展辩护：应对气候变化时代发展的社会使命

将我们所处的时代称为应对气候变化的时代一点都不为过。不论对应对气候变化是持有何种观点，抑或是对气候变化本身是否还存在疑虑，应对气候变化的流行风潮早已席卷全球。国际谈判、国际贸易、国际协议甚至是国内政治环境和国内舆论的应对气候变化倾向都已经决定了这个时代人类的重大议题。然而应对气候变化的目的到底是什么？是激进环保分子所主张的限制发展进而消灭发展？还是人类生存与发展权要求下的分配正义式发展？这是应对气候变化必须面临的选择。是人类还是反人类都是极端选择，兼顾双方的发展可能是符合人类和自然利益的最佳的中间道路。生态修复满足这种需求，应对气候变化时代生态修复道路是谋求中间发展路线的实践选择，生态修复法治化也是其实现分配正义式发展的社会使命。

（一）发展有错吗

在这个以环境保护为主题的时代，似乎提到发展是多么的不合时宜。人们避谈发展与环境保护的极端对立关系，总是借机寻找二者兼顾的第三条道路。然而，许多时候这种第三条道路都是一种自欺欺人的算计。发展起来可以忽略环境的承载能力，发展起来可以忽视生态系统平衡的修复，这是我国许多城市得以快速发展的真实写照。发展后的一次次痛定思痛表明，许多情况下只有发展之后才会有环境保护问题的反思和关注。事实也相当残酷地验证了先污染后治理的困境对于发展而言却如此"可行"。其实，这并不是最可

怕的，污染后不去治理甚至补救才是最可恶的发展过程。

对于我国广大尚未实现发达和整体富裕的中西部地区来说，发展是无可厚非的，这是国家承诺的履行过程。但是如何处理发展与环境保护的问题，是一个始终困扰我国政府和人民的难解梦魇。为了发展，西部省份在逐步丧失廉价土地、劳动力和优势的财税政策三大发展优势之后，只剩下宽松的环保政策和落后的社保体系两个可以利用的发展优势。"目前西部各地方政府经济发展的责任压力都很大，为获得预定的 GDP 指标，不少地方政府在环保政策的执行上都非常不力，使得很多投资商将污染企业搬到了西部，出现了一股'东污西移'的浪潮。"[1] 这确实是一种不好的现象，但正如 GDP 预定指标对于政府的压力一样，人民渴望迅速富裕的急迫心情也是选择发展而忽视环境保护的动力。

实质上，发展并没有错，只是差异性发展状态迫使后发展地区更加强调发展。当东部地区靠着中西部地区巨大的廉价资源，靠着政府发展初期宽松的环境政策带来的低成本发展机遇，彻底摆脱贫困状态，实现社会和经济迅速发展之后，应该说没有理由否定中西部欠发达地区也如此获得发展机遇的权利；作为宏观调控的政府也没有理由一而再，再而三地向广大发展中地区的政府和人民施加更大的非发展压力，对于中西部地区人民来说牺牲一次发展权，就足够让他们在生存权改善问题上赶一辈子甚至是几十辈子的了。如果还强迫他们在发展道路上选择连发达地区都难以承担的经济发展模式迅速转型风险，是不是有点过于残忍了呢？就好像三个兄弟同时创业，家长偏爱小儿子给了他足够的资金，让他迅速致富，却劝告大儿子和二儿子让让小弟，小弟赚了钱会帮助他们的。大儿子、二儿子苦苦支撑，盼来小儿子出息后，家长会公平地将小儿子的利润分给他们再去创业。但是，当这一切实现的时候不论是小儿子还是

---

〔1〕 毛海峰、丁静："西部引资，还有多少牌可以打"，载《经济参考报》2008 年 4 月 15 日，第 4 版。

家长都说：等你们买了房、有了面子再给你们创业资本，因为小儿子吃了没有房子的亏，讨不到老婆。可是要知道大儿子和二儿子可能现在连套面试要穿的西装都买不起呢！也许这样比喻有点过了，但是事实很多时候就是这么夸张的。中西部地区发展需求的强烈，已经不是简单的经济发展问题，而是已经牵涉到正义在内的基本人权的实现的问题了。当在北、上、广优势发达地区生活的人民懂得环境保护的真谛，开着车到处感受大自然美好的时候，可能广大中西部地区的人民还在责问偌大的森林为什么不能给他们带来财富，这地下如此丰富的煤炭为什么不能改变自己的命运。

我们在责难中西部地区环境污染严重，美好环境遭受前所未有破坏，责难资源开发地区唯发展观造成资源耗竭的同时，想没想过自己对这些地区的人民索取过什么？又实实在在地为他们做过些什么？当我们前几年在嘲笑西宁市和怀宁县环保局引进污染项目破坏环境[1]的同时，想过如果有更廉价、收益更多的环保投资项目给予他们，他们还会这么"傻"吗？想过如果我们给予他们政绩考核的其他标准时，他们还会这么"无知"吗？甚至想过我们能对当地人民给予更多支持，他们还会对环保如此肆无忌惮吗？所以不要什么原因都去责难发展，急于去寻求发展与环保的第三条道路。只有在我们穷尽现有的手段都无法实现解决发展中所带来的环境问题时，或者当我们确实实现了发展的目的，使欠发达地区的人民实现与发达地区人民相同的生存和发展权时，才能去考虑发展与环境的抉择问题。然而事实上我们很多时候并不去深入探求穷尽现有手段的方法，简单粗暴地剥夺一部分人平等的发展权，"拍脑袋"选择发展政策。简单地将发展与环境对立起来，其实就是为简单的发展政策辩护。

---

〔1〕 具体案情参见吕雪莉："高污染项目屡禁不止折射政府官员畸形发展观"，原载新华网，转引自网易网，http://news.163.com/05/1221/17/25H07KND0001124T.html，最后访问日期：2013 年 8 月 25 日。李龙："'环保局引进污染企业'是莫大讽刺"，载《广州日报》2011 年 1 月 8 日，第 A5 版。

必须声明，上述言论着实不是在为无节制、高耗能、低效率为代表的传统发展模式招魂。传统的发展方式是取得了巨大的成就，但也产生了严重的生态环境问题，这是事实不能够否认。然而，就像笔者上面一再强调的那样，发展是无罪的，关键是采用何种途径和方式发展；如何在发展产生负面结果时穷尽可能的方式减少这种负面影响；如何实现可持续发展以及如何在发展中更加注重分配正义。这些思考非常重要，以至于能够使国家再次选择发展战略和政策时更加顾及生存与发展权的正义分配问题。

（二）发展：我国应对气候变化的社会使命

应对气候变化时代的到来为我国重新定位发展战略和创造新的崛起动力提供了机遇与挑战。应对变化时代我国的发展问题依然是一个重头戏，发展依然是我国社会的主题，国家经济战略的制定和调整依然围绕着发展问题。

发展是应对气候变化时代带给我国的战略机遇。中科院院士秦大河指出，气候变化对我国来说既是一个很大的挑战，也是一个很好的机遇。调整经济结构，推进技术进步，发展低碳能源，加强生态建设……这些应对气候变化的措施都将有力推动我国经济社会的可持续发展。[1] 这种机遇主要体现在，应对气候变化推动我国实施绿色低碳能源战略，节能也将成为我国应对气候变化时代经济战略转型的推动力；化石能源的高效、洁净化利用和发展非化石能源将成为我国应对气候变化时代新的发展战略方向；同时，发展适应气候变化的农业，减缓气候变化的林业，创新型城市的发展等方面努力都将使得我国在应对气候变化过程中，提高自身的社会经济发展能力，找到新的崛起空间。因此，应对气候变化内在的发展契机是我国社会经济发展的驱动力。

实现社会的可持续发展是应对气候变化时代我国发展的战略目

---

〔1〕"积极应对气候变化，努力实现可持续发展"，载新浪网，http://finance.sina. com. cn/roll/20100127/08103199550. shtml，最后访问日期：2013年8月25日。

标和过程。可持续发展从经济上说就是有限度的经济增长与资源的合理有效利用，以及环境承载力限度范围内的经济稳定发展。但是这种限度或者说尺度的标准都应当是以人类社会为标准。对于社会而言，一种持续、持久的发展之前提是，（人的）生存是一种价值，甚至是一种最高的价值。[1] 因此，社会发展是以人的财富增长以及福利获得为标志的。从人的基本社会权利方面来说，实现人们之间基本生存与发展权的分配正义则是应对气候变化时代我国可持续发展的社会特征。

《人类环境宣言》明确指出："在发展中国家中，环境问题大半是由于发展不足造成的。……因此，发展中国家必须致力于法治工作，牢记它们优先任务和保护及改善环境的必要。"可见，发展是发展中国家永恒的主题，发展与环境的矛盾最终还是要通过发展来解决。所以发展是应对气候变化时代从未改变的主题，也是时代赋予我国发展的新机遇。可持续发展就是这一发展的最基本形态和有效路径。应对气候变化时代的我国可持续发展主要体现在能够在更合理有效地利用自然，维护生态环境基础上实现社会经济的适度发展，并实现社会人权利义务的分配正义。这也正是应对气候变化时代我国发展的社会使命之所在。

三、生态修复法对于应对气候变化时代发展的法治诠释

生态修复理念中自然修复与社会修复的双重目的和作用印证了其作为应对气候变化主要措施的必然性：一方面，应对气候变化需要一种手段，这种手段可以促进自然重新获得更多能量以抵御气候变化带来的不利影响；并且这种手段的运用能够使人类获得自然力量的支持，从而增强其抗御气候变化引起的不利于人类社会发展的种种因素的能力。而生态修复通过人类努力恢复或重建生态系统的平衡，修复自然可持续抵御气候变化风险的能力，证明了其作为应

---

[1] ［瑞士］克里斯托弗·司徒博：《环境与发展——一种社会伦理的考量》，邓安庆译，人民出版社 2008 年版，第 347 页。

对气候变化手段存在的自然意义。另一方面，应对气候变化的社会意义在于其社会治理模式能够实现社会可持续发展与文明程度的进步，最终实现人类生存与发展权利与义务的分配正义。而生态修复通过社会修复的制度构建，从法制保障的角度出发，促进了生存权与发展权的落实。生态修复实践将证明生态修复法律制度的建立在应对气候变化过程中的巨大社会意义及其必要性。

（一）生态修复法治理念提供应对气候变化政策指引

生态修复法治理念的存在为生态文明社会建设要求下的应对气候变化提供政策指引。实现生态文明，实现"中国梦"，是当前我国最大的政治，这一政治理想要求应对气候变化的政策制定必须为国家的政治和社会稳定服务，必须为国家经济稳定服务。包括环境法在内的所有法律制度的存在都出于这种服务目的。但是，必须正视，应对气候变化过程本身就是一种矛盾集合体，不仅存在经济利益的矛盾、发展的矛盾，甚至在一些领域还存在生存的矛盾。许多人赖以生存和发展的行业变成了所谓的"高碳"行业，许多人脱贫致富的途径有可能在应对气候变化政策形成后成为一种违法状态，这不应当是应对气候变化立法所带来的政治冒险。生态文明的中国"梦"是给予每个中国人生存和发展机遇的文明理想，它必须是正当的政治诉求和政治理念，也应当是符合我国国情的政策目标。避免激化不必要激化的社会经济发展矛盾，则是生态文明中国对于应对气候变化政策制定的一种最基本和最现实要求。生态修复为这种基本的和现实的要求提供了某种缓和的余地。生态修复的社会修复意愿，从法律制度理想构建的角度，勾勒了给予每个个体充分实现自身权利和承担相应义务的法治蓝图。实现每个人最基本的生存和发展权利对于社会稳定来说具有至关重要的作用。强调生存与发展权利义务分配正义的生态修复法治理念，将能够正确指引应对气候变化相关政策的制定。

（二）保障应对气候变化经济发展模式的逐步转型

生态修复法律制度有利于落实应对气候变化对于经济发展模式

转变的基本社会要求，并为其提供保障。应对气候变化对于经济发展模式的转型要求是我国提倡应对气候变化，并在应对气候变化中获得新的发展机遇的重要战略步骤。这一步成败的关键并不仅仅是看经济发展模式转变的最终结果，而更应看经济发展模式转变的历史进程。有条件、有步骤、有条不紊地实施经济发展战略布局的深刻调整是避免经济"休克疗法"所必须的。提倡节能减排、提倡清洁能源、提倡低碳经济等是一种生存与发展理念转变契机，这种理念的转变可能是经济发展模式转变的前提，但绝不是经济发展模式转变本身。新旧经济模式转变需要时间，需要理念进化的过程。这就是说新与旧之间应当允许存在一种缓冲，这种缓冲可以起到调整生存和发展理念，并积蓄最终实现经济发展模式转变必要条件的作用。生态修复从技术角度论证了修复自然以应对气候变化的另一条途径，在产业发展和经济发展乃至生活方式的进步方面的实践都说明，生态修复是一条体现逐步实现经济发展模式转变的缓冲地带：一方面，生态修复的自然修复理念体现了在可持续发展过程中，对于限度利用自然，以及生态环境损害弥补的过程。这种限度即是一种对人类中心主义观念的理性认识，是人类生存与发展理念转变下，人类积极认识和看待自然的行为。让人们认识到人类可以依赖自然自身的修复能力争取更多的资源和生态环境利用机会。另一方面，也是最重要的方面，生态修复的社会修复理念更表明通过生态修复工程获取公平正义发展权，实现社会分配正义的有效路径原来可以是如此实实在在。因此，通过生态修复实现可持续发展，乃至生态文明的道路可以更加温和，更加照顾到发展的利益需求，在自然可容忍范围内实现人类生存与发展权的分配正义。从这种意义上说，生态修复确实不失为一种经济转型压力的缓和过程，是环境与发展之间的缓冲地带，生态修复法律制度的存在正是这一缓冲地带存在的有力保证。

（三）生态修复法律制度避免分配不正义现象存在

生态修复法律制度的完善有利于实现个体经济发展诉求，避免政策的僵硬带来不必要分配不正义现象的存在。应对气候变化对于当今人类社会发展的巨大意义并不是如何遏制人类传统生存和发展方式的存在，而更应当是如何在传统基础上的创新，是如何引导人类从事新兴的生存和发展方式。应对气候变化所需求的经济发展模式转变，其现实意义也在于此。经济如何发展并不是看新的成分如何，而更主要的是看所谓新的经济模式带来的社会促进程度有多大。因此，在这种新旧交替的生存与发展时代，容忍传统经济模式的存在，允许其在一定时期、一定区域内的发展都是不影响应对气候变化对于经济发展模式转型要求的。生态修复法律制度的建立就是在于给这种传统留足生存和发展的时间与空间，纠正运动式的经济发展政策，充分体现个体的差异性，保障其相应人群基本的生存和发展权利，实现分配正义。一方面生态修复法律制度强调生态修复义务主体范围的扩张，更加明确将对于自然以及发展中社会的修复义务平等分配于所有开发和利用资源和环境的主体。这对于减轻发展中地区生态环境治理不当负担是有益的，也是对发达地区与发展中地区经济权利与义务的平等再分配。另一方面，生态修复强调分配正义，强调更广泛的公众参与，强调新型产业的兴起与发展。因此，相应法律制度的存在保障了社会财富和福利的合理再分配，激励公众的广泛参与，吸引更多生态修复投资与产业发展。最后，更重要的是，通过生态修复法律制度的保障，使得国家与社会共同关注发展中地区生态修复的迫切需求和经济发展使命，促进全社会财富与福利的合理、正义分配。

第二节　生态修复法的价值选择、基本原则

一、生态修复法的价值选择

现代社会民主法治以良法存在为前提，形成良好制定法的过程——立法，就是法治建设中必须优先解决的问题。良法有四个最主要的标准：一是价值合理性；二是体制合理性；三是规范合理

性；四是程序合理性。其中价值合理性又是良法最核心的要素。这种合理性不断被认证和探索并且做出衡量，在其发展过程中，已经形成了较为固定的价值观念形态，主要包括：公平、自由、正义、安全、和平、秩序、效率、公共福利等。其中最能体现生态修复良法本质的价值则主要是法的正义价值、秩序价值和效率价值。

（一）生态修复法的正义价值

生态修复理论表明包括分配正义在内的社会正义目标是相关机制建设的本质追求之一。这使得生态修复地区群众以及政府得到生存和再发展利益的弥补是社会正义实现的具体要求。一是通过立法使群众的利益得到法制保障，确保他们受损的利益能够得到及时补偿或赔偿，同时使他们继续生存与再发展的机遇不会因社会不公而丧失。此外，还要通过充满合理性因素的良法的制定使得具体实施生态修复的地方政府能够获得更多的经济援助和补偿，以弥补其因资源开发或生态环境牺牲而做出的历史和现实贡献。二是生态修复良法的制定还要保障生态环境本身得以恢复和重建。这不仅涉及环境正义的实现，还影响到经济可持续发展能力修复等社会正义问题。三是立法还要能够体现对管理者责任的明确，使之能够积极履行自己生态修复管理职责，并且限制管理者滥用职权，防止权力被滥用等。四是生态修复法律制度还应当通过立法规范修复工程进行的程序、补偿和赔偿获得的程序以及权利救济程序等，以体现程序正义价值。总之，生态修复法的正义价值不仅体现在对权利的彰显也同时体现对权力的约束；既体现其分配正义实现的社会意义，也体现维护生态系统平衡的社会价值。

（二）生态修复法的秩序价值

作为法律价值形态之一的"秩序"，是指"人们的生存、安全需要有法律所体现和保障以及法律部门之间、法律规范之间的某种共通性、协调性与一致性，前法与后法之间的连续性。"[1] 法律是

---

〔1〕 李龙主编：《良法论》，武汉大学出版社 2005 年版，第 95 页。

秩序的象征，进行生态修复立法就是为了维护一定的社会秩序而存在的。一方面，生态修复地区内居民的生存和生命安全需要有相应立法的强力保障，当他们生存权或发展权受到损害时应当获得补偿或赔偿。同时，对当地政府而言，其社会生存权和发展权也应当得到应有的弥补。另一方面，秩序的另一种体现就是生态修复相关法律法规的完善和体系化建设。也就是将现有的包括土地复垦在内的与生态修复相关的法律法规进行有效整合，并加以完善和制定专门的法规弥补立法上的漏洞，使其更适合当前社会经济可持续发展的需要。

（三）生态修复法的效率价值

效率本是一个经济学的概念，我们通常所说的法律效率主要包括了两个方面的含义：一是法律制度对社会经济发展的影响，即法律制度是促进经济发展还是阻碍经济发展；二是"法律制度本身的效率问题，即法律制度本身运行所需要的成本及其所带来的效益"。[1] 经济分析法学派则认为效率又称为"潜在帕累托"效率，即通过交易盈利的一方应当对因此而遭受损失的一方予以适当补偿，最后结果仍然是社会总财富的增加。合理的法律制度就是应当以社会"财富最大化"为目标，在尽量减少交易成本的基础上考虑怎样促进和维护人们的权利，其法律方法是合理界定与分配人们的法律权利。[2] 而实施生态修复的社会目标就是实现分配的正义，使因资源开发而受损的生存和发展权益得到最大程度的弥补。以生态修复立法作为手段保障经济制度的有效运转，规范人们使用资源并进行生态修复，或支付修复补偿，亦或是进行赔偿的行为，实现社会财富的最大化，满足当地居民对于相关权利的合理诉求就是其效率价值的体现。简言之，生态修复法的效率价值就在于使用者付

---

〔1〕 高德步：《产权与增长——论法律制度的效率》，中国人民大学出版社1999年版，第44页。

〔2〕 李龙主编：《良法论》，武汉大学出版社2005年版，第111页。

费或修复。

（四）法的价值冲突及其选择

生态修复问题归根结底是生态环境破坏引发的社会和经济问题。因此，生态环境因素与社会和经济发展始终是其中一对最为难解的博弈矛盾。生态修复立法的价值冲突也就集中于要发展还是要生态环境的现实问题。通常情况下，这两个问题又具体反映在法的正义价值与效率价值的冲突和选择中。事实上，在当前不同地区间社会经济日趋紧密联系的状态下，生态环境保护社会意义下的正义与效率不应当是一种非此即彼的冲突关系。在生态修复社会属性理论中这一点更是有着合理的解答。生态修复问题的根源是社会经济问题，其中社会经济发展始终与生态环境的状况紧密联系。要实现发展就必须维护生态环境、修复受损的生态环境，但发展同样会带来生态环境的破坏，这就产生了一种看似难以解决的矛盾。然而，在生态修复社会属性理论中，生态环境破坏有其发展容忍度，只要是有效率的发展，生态修复就可以被实现，生态环境破坏也就是可复的。这种发展从法的正义价值角度来说，就是要实现分配正义和有效的生态修复。恰恰是这种法的正义价值要求法的效率价值必须被实现，即实现分配正义以及生态修复基础上的社会财富的最大化，同时也包括了权益的有效弥补和更好维护。同时，恰恰是效率价值的要求，社会财富才能够在生态修复过程中得以最大化并优化配置，社会正义所包含的分配正义和权益诉求才能够最终彰显。因此这就要求在生态修复良法制定中必须同时体现两个方面的立法价值，并在此基础上实现秩序价值：一是体现分配正义的制度如补偿制度、税费制度、财政转移支付制度等制度应当建立并完善；二是体现权利救济的环境公益诉讼制度等制度也要被适度引用；三是体现效率价值的不同法规之间的衔接和财富最大化立法目的，如鼓励修复投资以及相关建设项目投资的激励制度等都要进一步完善。同时还要制定相应的修复规划程序、救济程序以及修复标准等体现秩序价值的制度。

二、生态修复法的基本原则

法律原则是法的灵魂，生态修复法律制度中法的基本原则代表了生态修复法制化过程中最能体现环境保护建设社会价值的根本要求。我国现有的环境资源法的基本原则是生态修复法基本原则设定的基础性依据。"根据我国环境资源法的发展趋势，可以发现我国环境资源法的基本原则有四：一是协调发展原则；二是预防原则；三是公众参与原则；四是损害环境者付费原则。"[1] 这是当代环境资源法学领域较为普遍的认识。而生态修复立法中法的原则除了包含预防原则、协调发展原则；公众参与原则三大基本原则外还应当具备其自身特色。

（一）生态修复法中的预防原则

生态修复立法中需要预防原则。环境资源法上的预防原则"都是指，对环境问题应当立足于预防，防患于未然。对开发利用环境的活动，应当事前预测与防范其可能产生的环境危害"；[2] "同时也要积极治理和恢复现有的环境污染和自然破坏，以保护生态系统的安全和人类的健康及其财产安全"[3] 环境资源法预防原则是防与治的结合，是在治的目的下以预防促进治理与恢复的原则。生态修复就是一个以治，特别是以善治为目的，在预防基础上更好地实现治理与恢复的过程。它不仅仅要求在开采资源之前进行综合的生态修复论证，并制定详细周密的实施方案，而且要求资源开发过程中在实现实施方案目标的同时，及时改进社会经济可持续发展的即时性需要，不断满足人们随社会经济发展而产生的新的利益需求。这种由规划到改进再到满足的过程就是一个长期的预测与防范结

---

〔1〕　王灿发：《环境资源法学教程》，中国政法大学出版社 1997 年版，第 54 页。

〔2〕　预防原则在我国有不同的表述方式。有的称其为"以防为主，防治结合原则"，有的称其为"预防为主、防治结合、综合治理原则"或"预防为主、防治结合、综合法治原则"。但其实质内容没有多少差别。参见王灿发：《环境资源法学教程》，中国政法大学出版社 1997 年版，第 57 页。

〔3〕　陈英旭主编：《环境学》，中国环境科学出版社 2001 年版，第 337 页。

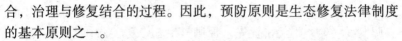

合，治理与修复结合的过程。因此，预防原则是生态修复法律制度的基本原则之一。

（二）生态修复法中的协调发展（时效性经济优先）原则

协调发展原则体现了生态修复法治化过程中生态环境建设目标与社会建设目标的结合。环境资源法上的协调发展原则就是环境保护与经济建设和社会发展相协调原则的简称。生态修复立法是建立在实现生态的、环境的以及经济与社会发展相适应的目标上的。它的立法价值观选择以及在此基础上的目标和主要内容的选择都决定了生态环境、社会与经济三者之间的有效协调与结合。不论从环境伦理的角度还是法治建设的角度，协调都是一种社会良性运行的理想状态。社会总是在不断的矛盾中存在和发展的，而在现代以人为本的社会条件下，协调是从矛盾缓解到利益趋同以实现社会和谐发展的有效途径。而且法治本身就是一个权利不断博弈协调妥协的过程。由此可见，生态修复立法中存在协调发展原则是重要的。但是对于当前生态修复实际而言，协调发展应当加上时代性的限定特征，即时效性经济优先原则。因为不论是在多数发展中国家还是发展中地区，"为了人们的生存和摆脱贫困……在缺乏资金支持和没有一个更好的发展模式面前，传统的'先污染后治理'是实现发展的唯一方法，因此他们对经济发展的需求远远高于对环境保护的需要"。历史规律也告诉我们"从世界各国的发展看，'先污染后治理'似乎是人类经济、社会发展的一个客观规律。"[1] 事实也是如此，我国资源开发城市多集中于经济相对落后地区，这些地区在现实中往往居于经济发展模式限定环境下，在没有"更好的"发展道路时，理解他们的发展意愿，允许他们完成发达地区已经完成的原始资本积累过程是一种对人最起码的尊重。协调的意义在于妥协，没有这一尊重就不再是妥协，也无法达到协调。发达地区或者整个国家要做的就是通过这种协调尽快帮助这些落后地区完成初级的发

---

[1] 汪劲：《环境资源法学》，北京大学出版社 2006 年版，第 162 页。

展阶段，这是协调发展原则的最贴近环境发展实际的运用。因此，协调发展（时效性经济优先）原则是生态修复立法中最应当具备的法的基本原则。

（三）生态修复法中的公众参与原则

公众参与原则是生态修复立法体现环境民主的象征。当今世界民主浩浩荡荡，这种进步是需要适应的。允许公众参与环境保护民主的进程就是环境保护法治的进步，是现代文明政府的表现。公众的良知或者说环境保护的公序良俗都是在其亲身参与过程中逐步培养和发展的。因此允许公众参与生态修复法治过程是环境民主进步的要求。资源开发过程中公众可能是最直接的受害者，允许他们参与与其切身利益相关的生态修复规划的制定、方案的设定和实施、资金运作的监督以及管理者行政行为的监督将有利于他们努力理解政府经济发展的需求，求得他们利益趋同并达成某种程度的顺从和妥协，社会才能和谐稳定。其实这些理论许多文章已经不厌其烦地详细论证过了，本书的重点不在于此，因此不再赘述。

（四）生态修复法中的国家主导，资源开发风险共担原则

不论是损害者付费还是受益者负担原则都已经不能满足生态修复的现实需要。由上述对采煤塌陷区生态修复实践的考察可以看出，人类开采资源有损害原有生态系统平衡的可能，但同时可能形成某种更适合于人类生存的生态系统。例如原有的依土地而存在的生态系统改变成多水网的湿地公园生态系统。就这两者而言在一定范围内对于人类社会来说都不是有害的，甚至后者还更有利于人类取得良好的自然环境享受。因此，对于损害者而言，让他们全额付费是显失公平的。受益者负担也是如此，开采资源的受益者可以多方面的，甚至是开采者本身或者是受害者本身。笼统地说受益者负担容易产生误解，使得真正应当负担生态修复义务的责任人减轻或逃避责任。基于此，我们应该全面地看待这两个环境资源法基本原则在生态修复法治建设中的更新问题。

首先，对于生态修复所追求的生态环境目标而言，恢复或重建

生态系统，使得生态系统能够恢复一定程度的均衡状态以有利于社会经济的可持续发展，这是最主要的。而这种恢复或重建就必须有多重工程和技术措施，甚至大量人员的投入才能够达成。生态系统恢复或重建的成本有时候巨大而惊人，也更是一个长期的过程。任凭损害者或受益者任何一方都无法依一己之力而实现。从权利义务分配正义的角度来说，所有造成生态系统受损的资源开发方、资源使用方甚或是与之相关产业的利益链群体，乃至国家和全社会都不能袖手旁观推卸自身责任。因此，社会共担资源开采和利用资源的风险才是一个合理的责任承担原则。但这种承担未免过于扩大化，造成责任不明确等进一步问题。这就需要在具体制度构建层面进行妥善解决。

其次，对于生态修复所追求的社会的分配正义目标而言，上面责任者不具体、不明确的问题就会有所缓解。国家是社会的代表，是社会的治理者。同时，国家，特别是像我国这样处于深度发展中的大国，其具体国情决定了国家在资源开发风险负担问题上负有不可推卸的主导责任。正是国家由计划经济走向市场经济的过程中逐步产生了各种环境问题，特别是采煤塌陷问题，并且这些问题也随具有国有行政垄断地位的煤炭集团的出现而继续发展着。站在历史的角度上也会使人有此认识，例如像淮南市"九大塌陷区"，很大程度上算是日本侵华时掠夺民族资源造成的塌陷和生态系统失衡问题，是旧中国没有尽到抵御外敌的神圣责任而产生的。但既然新中国放弃了要求日本赔款的权利，那么让后代民众承担这种历史遗留的环境问题是极其不公平的。又如原有的国有矿区（实际上造成大面积塌陷需要进行生态修复的采煤塌陷区，也都是在国有矿区规划开采的范围内），那是计划经济的产物，国家是受益者也是损害者，这种双重身份锁定下又怎能撒手不问。再说当代的实际情况。能够造成实际生态系统失衡的采煤塌陷都是国有大型煤炭集团下属矿业企业所为，国家是隐藏的受益者和损害者，承担生态修复责任应当责无旁贷。当然，这里强调国家责任并不是说必须国家以一己之力

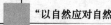

承担所有的生态修复责任，而是为了说明国家在生态修复责任中应起到主导作用。所有的损害者以及受益者都应当为其所作所为或所获得的利益，向生态修复地区承担生态修复责任，而这种承担应通过国家主导来完成。为此，我们姑且把付费给国家专项用于生态修复的责任承担模式称为国家主导，社会共担风险。但是就国际经济交流而言，资源的开发也会涉及受益者为他国直接开发者或间接受益者的问题，这就需要将社会共担风险的原则扩大到国际社会，具体来说就是将生态修复的费用核算为成本让国际社会共担我国资源开发风险。

（五）"共同但有区别的责任原则"在生态修复法中的适用

共同但有区别责任原则是应对气候变化国际合作以及国际应对气候变化谈判和相关协议履行的一项公认的基本原则。这一原则简单地说就是各国共同参与国际应对气候变化事务，但发达国家应当承担主要责任。发达国家承担更加主要的责任，这是由其在历史发展过程中对于气候变化产生的主要作用所决定的。正如《中国关于全球环境问题的原则立场》中强调的那样："发达国家在长期无偿使用人类环境资源的基础上得到了发展，拥有较强的保护全球环境所必需的经济力量和技术，理应承担更多的实际义务。"[1]《北京宣言》再次确认了这一立场："鉴于发达国家对于环境恶化负有主要责任，并考虑到他们拥有较雄厚的资金和技术能力，他们必须率先采取行动保护全球环境，并帮助发展中国家解决其面临的问题"，"……发达国家必须立即采取行动，确定目标，以稳定和减少这种排放。近期内不能要求发展中国家承担任何义务。"[2] 从这些国内文件与具有代表意义的国际文件对于该原则的理解可以看出，共同但有区别的责任原则有三个重要的规则或者说是内容：其一，"共

---

〔1〕 原国家环境保护总局政策法规司：《中国缔结和签署的国际环境条约集》，学苑出版社 1999 年版，第 403 页。

〔2〕 杨兴：《〈气候变化框架公约〉研究——国际法与比较法的视角》，中国法制出版社 2007 年版，第 131 页。

同"是指全体，即世界全部人类都具有相同的注意义务；其二，"区别"是以社会经济发展程度为标准的，更直接地说是以一定国家内人们享有的财富和福利的多少作为区别标准；其三，"主要责任"是已经实现发达社会经济状态的人们，应当对尚未实现发达状态的人们进行的补偿和援助，或者说这一主要责任是历史行为的补偿或赔偿过程。由此可见，这一原则的真谛在于，"共同但不同时，履行分配正义，责任基于历史"。

基于上述对于共同但有区别责任原则的整体认识，未来的生态修复法转化适用这一原则有其现实意义和必要性。

首先，共同但有区别责任原则的认识是中国在环境保护问题上一贯的主张，是中国对于世界环境保护的贡献。国家既然对外可以做出这种承诺，那么在国内更应当实现这种承诺的国内良法治理状态。"己所不欲，勿施于人"这也是我国外交谈判中经常提到的主张之一。因此率先在国内实现这种共同但有区别的责任原则尤为重要。生态修复立法作为应对气候变化过程中的一种重要法治措施，积极使用相应的原则就显得理所应当。

其次，生态修复就是要通过社会修复实现分配正义，用生态修复法治手段确保这种分配正义价值的有效表达。分配正义正是财富与福利乃至社会经济发展标准的规范化法律表达形式。通过生态修复法制化使得国内不同地区间实现生存与发展权的平等分配，进而实现财富与福利等相关经济利益的公平、平等分配，促进经济社会发展更加公平正义。

最后，发达地区与欠发达地区社会经济发展不平衡是我国的基本国情。而这一基本国情的产生是国家政策，或者说是国家发展战略的历史演进结果。"先富带后富"，这是国家战略的庄严承诺，如今通过生态修复工程，或投资、或援助、或补偿抑或直接的赔偿都是这种国家承诺的履行过程。简单地说，发达地区为其发展进程中实施的环境危害和资源利用行为"买单"是其主要的历史责任。生态修复法是运用这一原则的有力保障。

此外，生态修复法中运用这一原则的过程就是避免"一刀切式"的应对气候变化立法或政策的形成过程。应对气候变化必须区别对待不同发展阶段的地区和人民的发展利益，生态修复法律制度就是这一区别最好的缓冲地带和缓冲方式。因为，生态修复是一种直接的自然应对手段，是从自然的修复着手找寻应对气候变化的主要措施，避免了直接的人类活动自我限制造成的负面影响。为此，发达地区应当与发达国家一样承担主要的应对气候变化责任；而主要欠发达地区如中西部地区现阶段可持续发展是第一位的，利用生态修复工程建设更好地服务于发展，协调发展与环境保护的矛盾，抵御气候变化不利影响的能力是主要义务；发达地区对中西部欠发达地区应当负有生态修复技术开发和资金支助的义务，甚至是直接的生态修复工程实施义务；国家应当提供更多生态修复工程资金，建立完善的生态修复财政政策，主导对中西部欠发达地区的生态修复义务的履行。

第三节　生态修复法律关系的设定

在生态修复法中适用共同但有区别的责任原则，应当更加注重责任主体的落实和责任的具体承担。因此，生态修复法律关系的分析以及在此基础上对主体权利义务的落实，对于生态修复法律制度的建立至关重要。法律关系主要是指法律规范在调整人们行为过程中形成的以权利义务关系表现出来的一种特殊的社会关系。

一、生态修复法律关系主体

所谓法律关系的主体，主要是指法律关系中权利的享有者和义务的承担者。从分配正义的角度来说，权利和义务应当是对应的，享有多大的权利就应当承担相应的义务。

（一）对生态系统施加影响者是一方义务主体

资源的开发和利用都是人类生存和发展的必然途径，这一点无须否认，并且资源开发和利用也都为人类带来了巨大的发展，这些发展不仅仅体现在物质上，也体现在精神上。物质与精神上的巨大满足才能使得人类有资本，或者说是有能力去思考生态环境的保护、生态系统平衡的维护问题。生态修复才成为人类的一种迫切需求。因此，生态修复就是人类在享受资源开发和利用权利后主动思考的一种对自然的义务承担形态，并且这种形态在遭遇相应社会问题的迸发时，迫切需要通过制度的运行使其成为一种对人类社会本身的义务承担形态。由此可见，生态修复赋予人类可持续资源开发和利用的能力，同时也更是人类在享受资源开发和利用权利之后应当承担的义务。

（二）生态修复法律关系的主体应当是广泛的

一方面，以资源开发为主的人类活动造成严重的生态系统失衡，生态环境因此受到破坏，这不仅仅是资源开发方直接的资源开采行为使然。没有需求就没有市场，没有资源利用方对于资源的强烈索求，没有国家对于能源的迫切需求，甚至没有人来对于生存与发展资源的广泛索取，资源的开发就一刻也不能存在。这就是说不论是资源的开发方，还是资源的利用方，甚至是诸如资源的间接产品的受益方都不能摆脱其承担相应义务的必然性。另一方面，生态修复过程中权利义务的承担应当是相互对应的。根据法分配正义价值的要求，广泛的承担主体并不意味着权利义务的平均分配，而是根据获益多少，依据市场的需求进行直接的义务承担，或者是间接的义务再分配。此外，共同但有区别的责任原则还要求从历史的角度确定生态修复主体义务的承担限度。这其中经济发展的程度是最直接的标准，资源利用时间长且已经实现经济发达的地区应当承担更多的生态修复义务，以此补偿或赔偿欠发达地区的发展权益。

（三）国家是生态修复义务的主要承担者

分配正义的实质就是权利义务的平等分配，权利与义务相对而生。在以资源开发为主的人类改造自然的过程中，人们直接或者间接获得权利的多少应当成为义务承担的一个重要标准。这种直接或间接的权利获得应当以利益获取为主要标准。从这种意义上说，受益最大的莫过于国家本身。事实也是如此，正是资源的利用换取了国家二十多年的迅速发展，这种获益使得国家本身权利得到最大化满足，因此国家应当成为相应生态修复义务的最大承担主体。但是国家权利的满足在很大程度上又是间接的，是通过不同行业的发展间接受益的。因而国家在承担义务的过程中应当直接参与与间接参与并重。国家可以通过税收杠杆进行利益再分配，使得行业之间自觉分配相应的生态修复义务；也可以通过制度或政策的引导鼓励不同行业积极参与生态修复义务；还可以通过制度的运行，使得权利义务的分配正当化、秩序化、固定化；最重要的是国家本身积聚的物质财富和国家力量来源于对于资源开发和利用带来的巨大收益，因此更应当承担起组织并安排相关生态修复义务的责任。从这种意义上说，国家是生态修复义务的主要承担者。

（四）应当合理分配资源开发者与利用者的义务

资源的开发者与利用者在某些时候是相对存在的。资源的开发方享有的是资源买卖利润，而这种状态下的利用者仅仅享有资源使用获得的间接利润，例如发电获得的利润、化工获得的利润等。由此，这种直接利润的获取与间接利润的取得就是不同的利益获取方式，他们权利享有的程度和范围也都是不相同的，对此，义务的承担方式也应有所不同。直接的开发方应当直接从利润中核算生态修复所需的相应资金数额，而利用方则应当通过资源转让价格承担相应生态修复义务。而对于其他利用方，也可以通过直接参与生态修复工程、开发生态修复技术、投资生态修复产业等形式进行相应社会义务的承担。这就是说资源利用的主体与资源直接开发者都应当通过相应形式直接或间接参与生态修复，保障生态修复工程运行。但是需要注意的是，许多情况下，资源开发方也同样是利用方，这是权利竞合基础上的义务竞合，就需要承担相对更加重要的义务。

此外，还应当着重说明的是，资源开发地区虽然也是直接受益方，理应承担仅次于国家义务的生态修复义务。但是这种义务的承担也是有所限制的，并不能以此作为将生态修复义务完全抛给资源开发地区的理由。无论从历史上还是当代，资源开发城市及其人民对于这个国家、民族的贡献都是显而易见的。但是这种贡献并不为人们所感激或重视，换来的仅仅是经济的凋零、社会问题不断加剧以及无知者无端的指责。还是那句话，饮水应当思源，资源的获益群体都应当主动承担起帮助资源开发城市重新获得可持续发展能力的义务，最实际的就是把自己的生态修复义务尽到。

二、生态修复法律关系客体

环境法律关系的客体是环境法律关系主体的环境权利与义务所指向、影响或作用的对象。它是环境权利与义务联系的中介，是环境法律关系之所以产生和变化的原因和基础。[1] 简单地说，环境法律关系的客体就是环境要素及其性状以及人类的行为。它主要包括环境要素及其自然性状；具有环境效益的非物质财富，并主要表现为一定的环境效应和生态功能，或者自然物存在的可以影响人类生存和发展的价值和功能等；行为，即环境法律关系主体从事的、由环境立法所确认的对环境有影响的行为，包括积极的作为和消极的不作为。[2] 环境法律关系客体是生态修复法律关系客体的主要参照对象，也是详细划分生态修复客体类型的基础。

（一）维系生态系统平衡所需的基本环境要素及其自然性状

就环境法而言，环境要素及其自然性状主要包括了大气、水、海洋、土地、森林、野生生物、自然保护区、城市和乡村等。这些是生态系统维系平衡所必需的环境要素及其自然性状，是绝对的生态修复法律关系客体。正如上文对于生态修复实践案例所反映的事实一样，不论是矿产资源开发过程中针对水、土地和生物多样性以及城市和乡村所进行的生态修复，还是针对海洋、森林以及我国水环境进行的生态修复，其自然修复的主要对象都是在于各种环境要

---

〔1〕 王灿发：《环境法学教程》，中国政法大学出版社1997年版，第51页。
〔2〕 汪劲：《环境法学》，北京大学出版社2006年版，第89~90页。

素及其自然性状。这些要素在生态系统平衡受到扰动之前自然性状的修复，是生态修复工程实施的重要目的之一。之所以要进行生态修复，就是人类的行为或者自然界的某种演进过程，使得原有的生态环境状况发生了巨大变化，而这种变化使得原有的生态系统平衡被打破或者受到一定程度的扰动，其结果就是对于人类生存与发展产生了不利影响。这些不利影响迫使人们采取行动增强自然自我修复能力，或直接通过人为因素重建有利于人类生存与发展的生态环境，这其中各种环境要素都是这种修复所要涉及的对象。并且有利于人类的环境要素的自然性状变化也是检验生态修复实践成功与否的关键所在。

（二）具有生态环境效益的非物质财富

对于生态修复的社会修复效果而言，不仅要使得社会经济发展的生态环境要素得以恢复或重建，并使之更有利于人类的发展；还要创造更有利于人类生存的生态环境，例如良好的景观、安静舒适的生活和工作环境等。这些生态环境状态都具有重要的环境与生态效益。甚至在一定阶段，这些良好的生存状态的出现是衡量一个社会文明发展程度的显著标准之一。因此，生态修复在创造物质财富的同时，也应当注重这一非物质财富的修复和获得过程。尤其是生态文明社会的建设要求更加优越的生态环境，要求在社会经济发展的同时，人生产和生活的环境质量得以显著提高。因此，生态修复法律关系的客体应当包含这种非物质财富因素。这也是生态文明社会法治建设的重要内容。此外，“由于生态系统循环和自然规律不依人的意志而转移，自然物之间还存在着非人类利用价值（自然的内在价值），这些价值和功能也直接影响着人类的生存和社会发展。因此它们也应当成为环境法律关系的客体。”[1] 这些自然物也具有成为生态修复法律关系客体的可能。

---

〔1〕 汪劲：《环境法学》，北京大学出版社2006年版，第90页。

（三）生态修复行为

环境法律关系客体的行为分为积极的作为和消极的不作为。但是由于生态修复本身是一种主动通过人的行为修复受损生态系统平衡，以使其更有利于社会经济发展的过程，在这一过程中人的主动行为是修复的关键，也是人类改善并利用自然的基础，因此生态修复更提倡一种积极的干预性作为，相反消极的不作为甚至在一定程度上是应当受到谴责的，但这并不影响消极不作为成为生态修复法律关系行为客体。总体而言，生态修复法律关系的行为客体包括了直接的生态修复工程实施行为，间接的生态修复投资、援助行为，行政管理行为，生态修复的补偿和赔偿行为，以及对生态修复不作为行为的处罚等。

第四节　生态修复立法的渐进式发展构想

生态修复立法可以说是一种新的、系统性的法律制度构建过程。社会系统的复杂性还在于它是一种包含着多种物质运动形式的复合系统。[1] 相对于其他的社会系统，法律规范系统的复杂多样性即表现为以统一多样性为其重要特征的综合性。[2] 系统论的学者将社会视为是一种要素众多、层次复杂、关系错综、目标功能多样的大系统。人们可以从不同的划分，寻找出不同的要素，建构起不同的描述。[3] 故而法律大系统仅是社会巨系统中的一个子系统，其与政治系统、文化系统等进行着频繁的信息与物质交流，正是通过其与社会其他子系统的多方向交流，我们才可以了解整个社会的

---

〔1〕 宋建：《科学与社会系统论》，山东科学技术出版社 1991 年版，第 86 页。

〔2〕 李显冬：《溯本求源集——国土资源法律规范系统之民法思维》，中国法制出版社 2012 年版，第 443 页。

〔3〕 吴元樑：《社会系统论》，上海人民出版社 1993 年版，第 24 页。

变化，进而不断改变自身的内容，协调社会巨系统的内部关系。[1]因此，一方面生态修复立法是一个系统的立法过程，它包括了将不同法律关系逐步理清，在不同法律制度完善中形成总体立法框架，以及在不同部门法中完成相关制度的移植与衔接等必备环节；另一方面，生态修复法律制度存在整体衔接与完善的过程，将生态修复现行多种相关法律制度结合成一个系统的整体性立法，也是一个渐进的过程。此外，生态修复立法是对现有社会需要的客观反映，正是与生态环境保护、政治、经济、文化等领域的不断信息交流，才显现出生态修复立法的迫切需求。但生态修复立法从形成到最终的完善依然需要社会不同系统之间的交流，因此生态修复立法更是一个不断改变自身内容和协调不同社会系统之间关系的逐步完善过程。

一、渐进式构建生态修复法律制度体系

生态修复立法应当是一个渐进式的立法过程，它不可能一蹴而就，它的完善是一个"由点及面"、"地方到全国"法律制度体系不断进化的过程。

（一）生态修复法是环境与资源保护法的重要组成部分

生态修复要形成完整的法律制度体系就必须明确其法律属性。作为生态修复这一概念产生的基础，生态学、环境学、环境经济学以及环境伦理学都是其理论来源，因此从本质上说生态修复理论与实践是围绕生态环境的维护问题展开的。这与环境与资源保护法具有"同根同源"的理论来源。从生态修复的目的上来说，一方面要实现生态环境的恢复或重建，形成良好的生态环境状态；另一方面它要求实现环境良好状态下社会经济的可持续发展。这与环境与资源保护法也具有相同的社会目标。从法律制度的实际作用角度来说，环境与资源保护法更加注重对于生态环境问题的前期维护，以及在社会经济发展过程中生态环境改造与资源开发等问题的人类行

为规制。但是对于受损生态环境的恢复以及相关问题没有系统的关注，往往造成"罚款了事"的局面。不能"妥善的善后"也是环境案件近期频发的一个重要原因。生态修复法就是对环境与资源保护法"善后"问题的一种法制补充，其主要解决受损后的生态系统的平衡以及社会可持续发展能力恢复的问题。故生态修复法是环境与资源保护法一个重要的组成部分。

需要强调的是现有环境与资源保护法律制度体系中是有较为完备的事后补救类法律制度的。然而这些法律制度的着眼点主要是对行为人本身行为的处罚或强制，而对于生态系统整体的功能恢复、环境与社会效益的重建，乃至生态系统整体平衡修复的规制力度就远不及专门的生态修复法律制度了。生态系统整体维护是现今生态环境保护理念的主流意识，在生态环境良好基础上的人类社会可持续发展能力的实现，更离不开生态系统的平衡及其功能的有效发挥。因此，用生态修复法律制度进一步完善现有的环境与资源保护法律制度体系，有着时代和实践的双重社会意义。此外，生态修复法又与经济法、行政法、民法等部门法都有千丝万缕的联系，例如生态修复需要融资、需要建立基金、需要财政税收政策支持、需要进行补偿或赔偿等。

（二）"由点及面"的法律制度体系

"由点及面"，这是生态修复法律制度形成并发展的重要形态或特征。上文也着重分析了生态修复概念或理念的由来和形成过程。生态修复是生态恢复或生态重建的更合理进化状态，而生态恢复是生态修复的最初学理和实践形式。我国有关生态恢复的法律制度散见于各种法律法规之中。由表2（参见下页）可见，我国主要环境与资源保护法律法规对于生态修复相关规定过于分散。但值得一提的是修订后的《水土保持法》中明确提出实施"生态修复"，这是具有鲜明时代特征的法律规定，也是迄今为止有关生态修复法律制度立法层级最高的法律文件，为今后专门性生态修复立法提供了较高的法律依据。从我国生态修复相关规定中还可以看出关于生态修

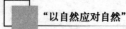
复的法律规定正从个别条文走向整体章节的制定，甚至已经有专门的《土地复垦条例》和《退耕还林条例》。这些现象恰恰折射出生态修复法律制度体系"由点及面"的不断演进过程。

表2 我国主要法律文件中关于生态修复的相关规定

法律文件名称	条文内容
《环境保护法》	有相关原则但无相应具体规定。
《水污染防治法》	第3条：水污染防治应当坚持预防为主、防治结合、综合治理的原则，优先保护饮用水水源，严格控制工业污染、城镇生活污染，防治农业面源污染，<u>积极推进生态治理工程建设</u>，预防、控制和减少水环境污染和生态破坏。 第7条：国家通过财政转移支付等方式，建立健全对位于饮用水水源保护区区域和江河、湖泊、水库上游地区的<u>水环境生态保护补偿机制</u>。 第16条：国务院有关部门和县级以上地方人民政府开发、利用和调节、调度水资源时，<u>应当统筹兼顾，维持江河的合理流量和湖泊、水库以及地下水体的合理水位，维护水体的生态功能</u>。
《海洋环境保护法》	第20条第2款：<u>对具有重要经济、社会价值的已遭到破坏的海洋生态，应当进行整治和恢复。</u> 第22条第1项：<u>凡具有下列条件之一的，应当建立海洋自然保护区：①典型的海洋自然地理区域、有代表性的自然生态区域，以及遭受破坏但经保护能恢复的海洋自然生态区域；</u> 第28条第1款：国家鼓励发展<u>生态渔业建设，推广多种生态渔业生产方式</u>，改善海洋生态状况。

法律文件名称	条文内容
《土地管理法》	第19条第4、5项：土地利用总体规划按照下列原则编制：……④保护和改善生态环境，保障土地的可持续利用；⑤占用耕地与开发复垦耕地相平衡。 第35条：各级人民政府应当采取措施，维护排灌工程设施，改良土壤，提高地力，防止土地荒漠化、盐渍化、水土流失和污染土地。 第39条第2款：根据土地利用总体规划，对破坏生态环境开垦、围垦的土地，有计划有步骤地退耕还林、还牧、还湖。 第41条：国家鼓励土地整理。县、乡（镇）人民政府应当组织农村集体经济组织，按照土地利用总体规划，对田、水、路、林、村综合整治，提高耕地质量，增加有效耕地面积，改善农业生产条件和生态环境。地方各级人民政府应当采取措施，改造中、低产田，整治闲散地和废弃地。 第42条：因挖损、塌陷、压占等造成土地破坏，用地单位和个人应当按照国家有关规定负责复垦；没有条件复垦或者复垦不符合要求的，应当缴纳土地复垦费，专项用于土地复垦。复垦的土地应当优先用于农业。 第73条：买卖或者以其他形式非法转让土地的，由县级以上人民政府土地行政主管部门没收违法所得；对违反土地利用总体规划擅自将农用地改为建设用地的，限期拆除在非法转让的土地上新建的建筑物和其他设施，恢复土地原状，对符合土地利用总体规划的，没收在非法转让的土地上新建的建筑物和其他设施；可以并处罚款；对直接负责的主管人员和其他直接责任人员，依法给予行政处分；构成犯罪的，依法追究刑事责任。 第75条：违反本法规定，拒不履行土地复垦义务的，由县级以上人民政府土地行政主管部门责令限期改正；逾期不改正的，责令缴纳复垦费，专项用于土地复垦，可以处以罚款。

法律文件名称	条文内容
《渔业法》	第 32 条：在鱼、虾、蟹洄游通道建闸、筑坝，对渔业资源有严重影响的，建设单位应当建造过鱼设施或者采取其他补救措施。 第 36 条第 1 款：各级人民政府应当采取措施，保护和改善渔业水域的生态环境，防治污染。
《野生动物保护法》	第 1 条：为保护、拯救珍贵、濒危野生动物，保护、发展和合理利用野生动物资源，维护生态平衡，制定本法。
《草原法》	第 1 条：为了保护、建设和合理利用草原，改善生态环境，维护生物多样性，发展现代畜牧业，促进经济和社会的可持续发展，制定本法。 第 3 条：国家对草原实行科学规划、全面保护、重点建设、合理利用的方针，促进草原的可持续利用和生态、经济、社会的协调发展。 第 18 条第 1、4 项：编制草原保护、建设、利用规划，应当依据国民经济和社会发展规划并遵循下列原则：①改善生态环境，维护生物多样性，促进草原的可持续利用；……④生态效益、经济效益、社会效益相结合。 第 39 条第 2 款：因建设征用或者使用草原的，应当交纳草原植被恢复费。草原植被恢复费专款专用，由草原行政主管部门按照规定用于恢复草原植被，任何单位和个人不得截留、挪用。草原植被恢复费的征收、使用和管理办法，由国务院价格主管部门和国务院财政部门会同国务院草原行政主管部门制定。 第 46 条：禁止开垦草原。对水土流失严重、有沙化趋势、需要改善生态环境的已垦草原，应当有计划、有步骤地退耕还草；已造成沙化、盐碱化、石漠化的，应当限期治理。

法律文件名称	条文内容
《草原法》	第47条：对严重退化、沙化、盐碱化、石漠化的草原和生态脆弱区的草原，实行禁牧、休牧制度。 第48条：国家支持依法实行退耕还草和禁牧、休牧。具体办法由国务院或者省、自治区、直辖市人民政府制定。对在国务院批准规划范围内实施退耕还草的农牧民，按照国家规定给予粮食、现金、草种费补助。退耕还草完成后，由县级以上人民政府草原行政主管部门核实登记，依法履行土地用途变更手续，发放草原权属证书。
《水法》	第29条：国家对水工程建设移民实行开发性移民的方针，按照前期补偿、补助与后期扶持相结合的原则，妥善安排移民的生产和生活，保护移民的合法权益。移民安置应当与工程建设同步进行。建设单位应当根据安置地区的环境容量和可持续发展的原则，因地制宜，编制移民安置规划，经依法批准后，由有关地方人民政府组织实施。所需移民经费列入工程建设投资计划。 第31条：从事水资源开发、利用、节约、保护和防治水害等水事活动，应当遵守经批准的规划；因违反规划造成江河和湖泊水域使用功能降低、地下水超采、地面沉降、水体污染的，应当承担治理责任。开采矿藏或者建设地下工程，因疏干排水导致地下水水位下降、水源枯竭或者地面塌陷，采矿单位或者建设单位应当采取补救措施；对他人生活和生产造成损失的，依法给予补偿。 第40条第1款：禁止围湖造地。已经围垦的，应当按照国家规定的防洪标准有计划地退地还湖。

续表

法律文件名称	条文内容
《防沙治沙法》	第 3 条第 3、4、5 项：防沙治沙工作应当遵循以下原则：……③保护和恢复植被与合理利用自然资源相结合；④遵循生态规律，依靠科技进步；⑤改善生态环境与帮助农牧民脱贫致富相结合。 第 20 条：沙化土地所在地区的县级以上地方人民政府，不得批准在沙漠边缘地带和林地、草原开垦耕地；已经开垦并对生态产生不良影响的，应当有计划地组织退耕还林还草。 第 23 条：沙化土地所在地区的地方各级人民政府，应当按照防沙治沙规划，组织有关部门、单位和个人，因地制宜地采取人工造林种草、飞机播种造林种草、封沙育林育草和合理调配生态用水等措施，恢复和增加植被，治理已经沙化的土地。 第 24 条：国家鼓励单位和个人在自愿的前提下，捐资或者以其他形式开展公益性的治沙活动。县级以上地方人民政府林业或者其他有关行政主管部门，应当为公益性治沙活动提供治理地点和无偿技术指导。从事公益性治沙的单位和个人，应当按照县级以上地方人民政府林业或者其他有关行政主管部门的技术要求进行治理，并可以将所种植的林、草委托他人管护或者交由当地人民政府有关行政主管部门管护。 第五章 保障措施

法律文件名称	条文内容
《森林法》	第8条第1款第1、2、4、6项：国家对森林资源实行以下保护性措施：①对森林实行限额采伐，鼓励植树造林、封山育林，扩大森林覆盖面积；②根据国家和地方人民政府有关规定，对集体和个人造林、育林给予经济扶持或者长期贷款；……④征收育林费，专门用于造林育林；……⑥建立林业基金制度。第二款：国家设立森林生态效益补偿基金，用于提供生态效益的防护林和特种用途林的森林资源、林木的营造、抚育、保护和管理。森林生态效益补偿基金必须专款专用，不得挪作他用。具体办法由国务院规定。 　　第11条：植树造林、保护森林，是公民应尽的义务。各级人民政府应当组织全民义务植树，开展植树造林活动。 第四章 植树造林
《水土保持法》	第16条：地方各级人民政府应当按照水土保持规划，采取封育保护、自然修复等措施，组织单位和个人植树种草，扩大林草覆盖面积，涵养水源，预防和减轻水土流失。 　　第30条第1款：国家加强水土流失重点预防区和重点治理区的坡耕地改梯田、淤地坝等水土保持重点工程建设，加大生态修复力度。 　　第31条：国家加强江河源头区、饮用水水源保护区和水源涵养区水土流失的预防和治理工作，多渠道筹集资金，将水土保持生态效益补偿纳入国家建立的生态效益补偿制度。 　　第32条：开办生产建设项目或者从事其他生产建设活动造成水土流失的，应当进行治理。

续表

法律文件名称	条文内容
《水土保持法》	在山区、丘陵区、风沙区以及水土保持规划确定的容易发生水土流失的其他区域开办生产建设项目或者从事其他生产建设活动，损坏水土保持设施、地貌植被，不能恢复原有水土保持功能的，应当缴纳水土保持补偿费，专项用于水土流失预防和治理。专项水土流失预防和治理由水行政主管部门负责组织实施。水土保持补偿费的收取使用管理办法由国务院财政部门、国务院价格主管部门会同国务院水行政主管部门制定。 　　生产建设项目在建设过程中和生产过程中发生的水土保持费用，按照国家统一的财务会计制度处理。 　　第33条：国家鼓励单位和个人按照水土保持规划参与水土流失治理，并在资金、技术、税收等方面予以扶持。 　　第34条第1款：国家鼓励和支持承包治理荒山、荒沟、荒丘、荒滩，防治水土流失，保护和改善生态环境，促进土地资源的合理开发和可持续利用，并依法保护土地承包合同当事人的合法权益。 　　第39条：国家鼓励和支持在山区、丘陵区、风沙区以及容易发生水土流失的其他区域，采取下列有利于水土保持的措施：①免耕、等高耕作、轮耕轮作、草田轮作、间作套种等；②封禁抚育、轮封轮牧、舍饲圈养；③发展沼气、节柴灶，利用太阳能、风能和水能，以煤、电、气代替薪柴等；④从生态脆弱地区向外移民；⑤其他有利于水土保持的措施。

续表

法律文件名称	条文内容
《矿产资源法》	该法没有专章环境保护内容，但对土地复垦等问题进行了个别条款的规定。如第32条：开采矿产资源，必须遵守有关环境保护的法律规定，防止污染环境。开采矿产资源，应当节约用地。耕地、草原、林地因采矿受到破坏的，矿山企业应当因地制宜地采取复垦利用、植树种草或者其他利用措施。开采矿产资源给他人生产、生活造成损失的，应当负责赔偿，并采取必要的补救措施。
《土地复垦条例》	土地资源开发生态修复相关法律制度。
《退耕还林条例》	林业资源开发生态修复相关法律制度。

　　注：该表仅对具有代表意义的我国生态修复法律法规进行简单梳理，关于其他部门立法中涉及生态修复的条文这里不一一列举。

（三）由"地方到全国"的法律制度体系

　　由地方立法实践继而推广至全国的立法过程是生态修复法治发展的重要立法形态。我国许多全国性法律法规的颁布实施都是以地方立法实践为蓝本展开的。例如应对气候变化立法、外来物种入侵立法等，地方都走在了全国立法的前列，也为全国性立法提供了很好的国内实践参考。生态修复立法也是如此。例如前文所述的淮南市采煤塌陷区生态修复法律制度正在逐步完善。2004年起实施的《淮南市采煤塌陷地治理条例》总共20条，先后确立了采煤塌陷地综合治理的管理体制（第3条），采煤塌陷地综合治理的基本原则（第4条），采煤塌陷地综合治理规划制度（第5、6条），采煤塌陷地综合治理的标准暨恢复标准制度（第 7、8 条），采煤塌陷地综合治理项目审批、建设及验收制度，采煤塌陷地土地使用权及土地补偿制度（第 10、11、13 条），采煤塌陷地综合治理投资激励制度（第 12 条），此外还规定了采煤塌陷地专项治理资金制度以及违法条例规定的处罚等。总的来说，该条例中包含了塌陷区土地复垦制度、塌陷区环境保护制度以及塌陷区社会治理制度，它的颁布为采煤塌陷区生态修复制度的建立和完善提供了一定法制借鉴。在采煤塌陷区生态修复激励法制建设上，2012 年淮南市颁布实施了《淮南市采煤塌陷区综合治理发展专项资金使用管理暂行办法》，该办法对采煤塌陷区生态修复项目的奖励和税收减免政策、奖励项目的类别和方式以及奖励申请的程序进行了严格限制和规定。这实际上为采煤塌陷区生态修复机制的构建和完善提供了激励法律制度建设的经验借鉴。这些地方性法规的实施为最终全国性生态修复立法积累了难得的法治建设和运行的实践经验，为全国性立法提供了很好的参照。习惯的积累是法治产生并最终成为社会治理工具的重要步骤。地方法治的培育、民众生态修复法治意识的逐步培养都是生态修复习惯积累的重要过程和途径。因此，由地方到全国性立法的生态修复立法过程，是生态修复法律制度体系不断完善的有效途径之一。

综上可见，"由点及面，由地方到全国"的渐进式立法形态已经成为生态修复法律制度体系不断发展和完善的重要模式。随着生态修复相关理论和实践的广泛开展，社会经济发展迫切要求生态修复法律制度体系的最终形成。全国和地方立法中相继出现"生态修复"术语就是一种立法进步，就是对生态环境保护认识进步的法治诠释，更是生态修复理念演进并指导渐进式立法发展的必然结果。

二、在应对气候变化法中设立生态修复法律制度

生态修复与应对气候变化的关系问题，上文已经论述了。在应对气候变化问题上，自然本身以及人类利用自然应对气候变化的途径将是气候变化问题的一个重要内容。不论是应对气候变化的支持论者还是反对论者都不约而同地将自然的力量看做是人类对抗气候变化不利影响的希望。与"自然同行","以自然应对自然"是应对气候变化中再正常不过的路径选择之一,生态修复就是这一关键路径的具体实现手段。应对气候变化的国内立法是一种潮流,也是我国社会一个紧迫的法治建设任务,生态修复法律制度的构建依此而生,为之谋划,是应对气候变化立法中重要的法制建设内容。如果说应对气候变化要靠人类的自我约束和自然力量的修复,那么限制人类温室气体排放行为相关的法律制度建设,就是应对气候变化国内法律制度建设内容的一个方面;相应地,依靠自然力量抵御气候变化风险的生态修复法律制度,将是应对气候变化国内立法另一方面的主要内容。

(一)应对气候变化立法以减缓与适应性立法为主要内容

当前,应对气候变化立法是以减缓性立法和适应性立法为主要内容的。所谓减缓性立法,就是通过适当的法律调整,有效控制人类的温室气体排放,使得全球气候变暖的速度变慢、程度减轻。而在气候变化问题上,适应是指自然或者人类系统为回应现实的或者预期的气候变化或其影响,而作出的以减轻损害或者利用有利机会的调整。它是生态系统以及经济和社会系统对现实的或者预期的气候变化及其影响或者后果所作出的回应,其外延已经超越了自发性适应的范畴,是主要借助于法律制度的预先设计而自觉、主动实施的适应;在此,适应更多地指向一种用以弱化气候变化及其影响或者后果的法律手段,或称为适应性法。[1] 这是我国学者对于减缓与适应气候变化立法较为公认的理解,这种理解对于减缓和适应都有两个最为基本的共同特征:一是不论是减缓还是适应,人类主动行为是应对气候变化的主动选择;二则是人类对于自身的限制与主动地采取自发性措施,都是为了达到弱化气候变化不利影响的程度

---

[1] 张梓太:"中国气候变化应对法框架体系初探",载《南京大学学报(哲学、人文科学、社会科学版)》2010年第5期。

或速度。

（二）减缓性立法中设立生态修复法律制度的必要性

然而人类主动行为作用目标有着巨大的不同，减缓性立法的主要目的在于通过控制人类行为达到改变气候变化规律和进程的作用。但是，科学证明人类行为对于气候变化到底有多少影响，其本身还是一个争论的话题，更何况基于科学不确定性而采取的人类行为到底能起到多大效用，也仅仅是某些科学家一家之言。这种不确定性带来的是对不同社会发展过程的巨大影响，甚至带来一定的社会经济发展风险，不能不引起立法者的足够重视。立法是一项严肃且功罪千秋的庄严行为，我们只能说在应对气候变化立法问题上，应当用一千倍的谨慎换取最直接、最简单的社会正义。因此，减缓气候变化本身就是一个值得深思熟虑的立法议题。这并不是说我们在人类发展欲望支配下的行为就不需要约束和限制。关键是如何约束和限制。窃以为，与一定程度上直接地采取遏制人的发展、消弱一些发展中地区迅速崛起的平等发展道路选择权相比，减缓性立法中对于人类行为限制的主要着眼点则更应当是充足经济和政策支持下激励措施的有效运行。这种激励就是引导人们能够主动为其资源开发利用行为，以及排放污染物行为的过去、现在和将来产生的或者可能产生的不利影响承担公平的义务。对于生态系统平衡的干扰来说，上述义务就是生态修复义务。因此，生态修复法律制度是减缓气候变化立法中应当设置的内容。

（三）适应性立法中设立生态修复法律制度的必要性

如果说你更加支持人类行为是气候变化的罪魁祸首，应当积极限制的话，那么对适应气候变化过程中人类行为的积极限制恰恰是对自然原貌的恢复或重建。但是这又有一个严重的矛盾，即自然的生态环境有其修复的能力，而按照气候变化主要是"人为二氧化碳排放导致论者"的观点来看，这种能力是不足以消除人为因素带来的不利影响的。那么人类行为到底该如何定位？是协助自然增强其自我修复能力以帮助人们抵御气候变化带来的不利影响？还是更加苛求人们什么都不要再做了？极端绿色分子，或者环境法西斯主义论者会更加看重后者。而生态修复论者更加积极地认为人们该为其巨额的索取赎罪，更努力地修复生态系统平衡，促进其生态系统功能的进化，使其更有利于人们抵御气候变化的不利影响。这正是人们"利用有利机会的调整"。并且通过这种调整使得人们在抵御气候变化的不利影响的过程中争取到了自然的宽恕和庇佑。自然可为人更好利用以抵消气候变化带来的不利影响就是人们积极适应气候变化的最有效途径。这一途径形象地说就是"以自然应对自然"。因此，生态修复作为适应气候变化的有效措施，应当作为重要的法律制度设定在适应气候变化的立法中。

总之，生态修复法律制度是应对气候变化立法不可或缺的重要制度设定。不论是在适应性立法还是在减缓性立法中生态修复法律制度都有其存在的必要性。如果说应对气候变化是人类对自然关怀的再次觉醒的话，那么让自然自己从气候变化的沉重负担中醒来岂不是更加有效，更加重要，更加具有深远意义？

三、在《环境保护法》中设立生态修复法律制度

《环境保护法》可以说是我国环境与资源保护的根本法，但在很大程度上名不符实，没有起到根本的纲领性作用。不管是在基本理念的引领性、基本法律制度设定的合理性，还是具体制度的可操作性等方面都已经远远不能适应当前社会经济发展对于生态环境保护的迫切需要。生态修复法律制度的加入可以实现《环境保护法》一定程度的时代转变，更加符合我国社会经济发展要求。

（一）生态修复法律制度可以更好实现对生态系统整体维护

从《环境保护法》名称的选择上就可以看出，该法的主要目的在于保持或保障并维护环境。而环境并不是生态的代名词，更不是可以替代整个生态系统的概念。相反，在现代生态系统维护的整体生态环境保护观念下，环境已经在很大程度上成为与生态相互交叉的概念，甚至在一定程度上成为生态的下位概念。《环境保护法》通篇在强调对于人类生存和发展相关环境的维护，仅有第 17 条和

第20条涉及了生态系统整体维护的理念，并且即使是这种涉及也仅仅是原则性、纲领性的宣言。当然，《环境保护法》的设定与其立法时代局限有关，但面对当前日益严重生态系统整体扰动和损害，仅仅将一些简单的环境要素作为环境法保护的客体是不够的。而生态修复的理念正是从生态系统整体平衡的维护出发，试图实现生态环境整体有利于人类社会和经济发展的改善。与《环境保护法》中强调对于环境要素的防治不同，生态修复更加强调生态系统功能的修复，更加强调环境治理之后对于人类社会可持续发展的促进作用，甚至更加注重人类可持续利用生态系统的实际社会效果。

（二）生态修复法律制度强调最终效用可以更好"善后"

《环境保护法》关注的是环境治理的直接权利义务关系，即谁来治理、谁来防治的问题，对于环境治理的实际效果并没有过多评价。虽然《环境影响评价法》等环境保护法律文件对环境污染预防与治理的实际效果等问题进行了补充性规定，但是依然仅仅关注环境治理与否，而并不问及可能的生态系统平衡损失的弥补问题。简单地说就是现行环境与资源保护类法律法规都不注重最终的生态系统的"善后"问题。环境与生态系统具有极其重要的联系，甚至在一些情况下二者是紧密联系的整体，环境的污染必然存在生态系统的扰动问题。例如一条河流的污染并不仅仅是使河水变色、变臭，更主要是影响到河里的生物多样性，影响到饮用该河流的居民生存与发展权利。短期的环境污染治理可能会消除环境要素的污染状况，但对水生物群落的负面影响和居民饮水危险性悄然增加了。这些又似乎难以衡量，生态损害赔偿难以落实。然而这并不代表当初造成生态系统平衡扰动的责任者，就没有义务关怀被扰动地区社会经济以及生态系统平衡的修复，哪怕这种修复仅仅是道义上的援助与补偿。但是，《环境保护法》及其相关法律制度都忽视了这一种隐性义务，这也是造成违法者违法成本被人为低估并限制在一个仍然很低的水平的重要原因。环境保护的生态效益和社会经济效益难以实现，也就难以从根本上实现对于人类生存和发展权益改善的促进。而生态修复法律制度恰恰强调在生态系统被扰动后，在其失去原有平衡之时，人们应尽的修复义务；强调在自然的治理之后更深层次社会可持续发展能力的修复问题。这就要求生态修复的义务承担者不仅仅承担表面的自然修复责任，更要在自然修复的基础上承担起社会可持续发展能力修复，促使环境保护的生态效益和社会经济效益的实现，也就能从根本上实现对于人类生存和发展权益的改善。这就是本书一再强调的分配正义的实现过程，是对人类负责的生态环境保护的"善后"过程。

（三）生态修复法律制度更好地落实环境法的分配正义价值

分配正义理念也是现有《环境保护法》及其相关法律制度均忽视的一个重要法治理念。"环境的污染和破坏对不同阶层、不同群体的作用不尽相同，然而各利益群体竞争的结果往往是环境法较多地表达了社会地位较高阶层的环境利益需求，形成了环境法对环境公平问题的忽视。"[1] 这种忽视影响到了环境保护的相关立法，甚至是正在讨论制定的《应对气候变化法》。环境法总是摆脱不了行政管制的基本环境治理理念，对于环境问题的防治强求于国家发布的强制性行政命令，全国"一刀切式"的简单处理环境保护问题的现象十分明显。所谓因地制宜很多时候仅仅是口号，不论是在环境标准还是在与环境保护挂钩的相关经济利益的维护上都没有实质性的具体执行措施。例如环境保护总是不能区别城乡环境保护的不同要求，对农村环境保护类同于城市环境保护要求，而忽视城乡差别最大的代价就是农村环境保护问题日益严重。

此外，不能很好地处理处于不同发展阶段的地区对于环境与发展关系认识及现实差异性。发达地区与欠发达地区发展问题并不相同，其环境保护责任担当也应有所差异。就好像让一个还没吃饭的工人持续进行环保工程建设让人反感一样，当"吃好饭"变得更加

---

〔1〕 李彩虹："环境公平的实现——以环境法修改为契机"，载《环境保护》2007年第18期。

重要的时候，环境保护几乎是可以忽略的问题。因此，对这种区域社会经济发展差异的不平等认知造成环境法难以实现公平正义的现象普遍存在。而生态修复法律制度是希望通过更广泛的法定义务承担，扩大对欠发达地区环境保护问题的支持力度，直接提供给欠发达地区修复可持续发展能力的经济和政策支持；鼓励发达地区人民更有共富意识，补偿或赔偿欠发达地区为经济发展而做出的生态环境牺牲；更加强调不同地区或不同阶层乃至不同发展阶段，生态环境保护与发展关系认知和需求的巨大差异性，以此实现社会财富与福利的分配正义，并创造人类可持续性发展的生态环境与社会经济条件。因此，在《环境保护法》以及相关环境法律法规中设立生态修复法律制度是正义的需求。

四、在资源保护法律制度体系中引入生态修复法律制度

自然资源的开发和利用可以说是人类生存和发展的前提和基础。自然资源开发和利用本身是无罪的，但利用或者说因资源开发而受益的人们，没有共同且平等地承担资源开发带来的不利生态环境风险，就是不可饶恕的。对于因自然资源开发而受益的群体来说，直接或间接利用资源的人们获得经济和社会发展利益可能更为明显。因此，发达地区在实现资源利用获得发展机遇的同时，转嫁生态环境风险的做法就变得极不正义。引入生态修复法律制度就是纠正这种不正义状态实现社会的分配正义。

（一）用生态修复法律制度实现资源保护法治的分配正义价值

当前，在资源开发过程中，利用资源甚至利用资源衍生品获得社会经济发达状态的地区，没有公平地担负起对资源开发导致生态系统受损地区的修复义务。由此产生生态系统平衡难以维系可持续发展，生态环境破坏而社会发展越来越缺乏公平正义，经济发展差距越来越大等一系列发展问题。按照现有资源保护法律法规的防治理念，遵循诸如"谁污染，谁治理"、"谁损毁，谁复垦"等原则。资源开发地区的人们，很大程度上只能凭借一己之力履行过量的环境污染治理和生态修复义务，这对于权利义务的正义分配来说是一种极大的蔑视。生态修复理论的演进正是致力于更新上述不合时宜的观念，而其相关法律制度的逐步构建和完善也正是从生态系统整体维护的角度出发，通过生态系统平衡修复的义务公平的承担和更广泛社会资本投入，减轻生态受损地区人民生存与发展压力，实现法治的分配正义价值。

（二）用生态修复法律制度最大限度实现资源可持续性利用

资源开发是一种对自然生态环境扰动最为剧烈的人类行为方式。自然资源的开采带来的不仅是一个区域内生态系统整体平衡的打破，更有可能使得原有的生态系统遭到难以复原的损害。如果持续不加以有效治理，生态系统功能的丧失将会加速，可持续利用资源以求发展的基础就不复存在。近年来，因为开采矿产资源，地下水污染、土壤重金属污染等现象更警醒我们资源开发和利用必须尽快修复受损生态系统的平衡。而生态系统是一个包括各种环境要素在内的整体，环境要素仅仅是其中一个或几个组成部分。现有资源保护法诸如《水法》、《矿产资源法》、《煤炭法》等，要么没有环境保护的专门规定，要么仅仅是对于某种环境要素的整治和恢复。即使是近年颁布的《土地复垦条例》等相关法律法规也仅仅注重土地这一环境要素的治理，对于生态系统整体平衡既没有技术措施的标准，也没有具体实施的办法，生态环境整治的整体社会和经济效益并没有得到实现。资源的可持续性利用一方面是要实现生态系统平衡或者说生态环境承载力的修复，使得生态系统功能得以充分发挥，为人们可持续开发和利用资源提供基础；另一方面则是要最大限度实现社会和经济效益。但基于现有的资源保护法律法规均难以完成这一双重任务，而生态修复法律制度是通过生态系统平衡的修复，充分发挥自然的自我修复功能，实现生态系统功能承载人们可持续开发和利用自然资源的可能；通过分配正义的法治调整实现社会和经济发展权的维护，促进社会和经济可持续发展能力的修复，因此，生态修复法律制度既是对现有资源保护法律制度体系的再完善，也是对自然与社会可持续发展能力的最基本保障。

五、鼓励地方生态修复立法实践并推动全国立法

地方立法先行然后带动全国性立法的先例不断出现表明，这种地方实践积累经验推动全国性立法的途径是可行的。因此允许一部分有条件，且生态修复实践经验较为丰富的矿区、林区、草原区等进行专门的生态修复立法实践，为生态修复全国性立法总结经验。

（一）在我国地方立法已经成为一种重要的法治建设与发展形态

中央领导肯定并支持地方立法。1978 年 11 月召开的为党的十一届三中全会作准备的中央工作会议上，邓小平同志就明确提出，"有的法规地方可以先试搞，然后经过总结提高，制定全国通行的法律"。1993 年 7 月，乔石同志也指出，"地方人大立法是全国人大及其常委会立法的重要补充。地方人大及其常委会也要抓紧制定有关市场经济方面的地方性法规。特别是一些改革开放搞得比较早的地方，积累的经验比较多，应当先行一步，成为经济立法的试验区，为制定法律提供经验。" 2003 年 10 月，吴邦国委员长则指出，"改革开放和现代化建设中会遇到许多新情况、新问题，一下子都用法律来规范还不具备条件，有的可以先制定行政法规或地方性法规，待取得经验、条件成熟时再制定法律。"

地方立法引领全国立法是常态。1980 年出台的《广东省经济特区条例》为广东省三个经济特区的建设提供了有力的法制保障。1987 年底制定的《深圳经济特区土地管理条例》，明确规定了国有土地实行有偿使用和有偿转让制度。这都为全国立法的完善提供了有益的尝试。再如 1984 年黑龙江省颁布的《农作物种子管理条例》成为我国第一部规范管理农作物种子的法律，为我国相关领域的全国性法律法规的制定提供了重要的借鉴；1991 年上海市的《外商投资企业清算条例》则成为我国第一部清算法规，从此迈出了我国清算法治完善的第一步。除此之外，2003 年 10 月淮南市政府也制定并颁布实施了《淮南市采煤塌陷地治理条例》，这是我国较早地对塌陷区生态环境整治的地方性法规，为全国塌陷区生态环境整治以及生态修复提供了法治参考；2010 年 7 月《湖南省外来物种管理条例（草案）》拟定，这是我国第一部系统指导地方防治外来物种入侵的地方性法规；2010 年 10 月 1 日我国第一部应对气候变化的地方性法规——《青海省应对气候变化办法》正式开始实施等。上述地方性法规都走在了全国立法的前列，对全国立法具有实践指导意义，也是全国性立法的重要参考。

（二）鼓励并支持地方生态修复立法的优势及其必要性

地方生态修复实践最直接体现了地方经济和社会发展的需要，其相关制度安排很大程度上能够符合当地生态环境保护的需要。因此，以生态修复立法实践为基础推动全国性生态修复立法是有效的法治发展途径。

首先，生态修复是因地制宜的生态环境保护措施。不同的生态系统平衡所要求的标准是不尽相同的，例如矿区生态修复，不仅需要土地的复垦技术还需要重金属污染的处理技术等，这一处理标准与水资源生态修复地区的土地复垦就有着巨大差异。搞全国立法一刀切就可能带来极其严重的生态系统损毁危害。这也表明，即使是今后有了全国性生态修复立法也应当在相应制度上保持极大灵活性，允许地方制定符合自己实际的各种具体标准等。

其次，我国社会经济发展很不平衡的基本国情决定了生态修复立法在权利义务的设置上会存在巨大差异。生态修复法治化本身就是一个寻求社会经济可持续发展并实现社会分配正义的过程。在分配正义的要求下，权利义务的平等分配是核心内容。但是这种平等的分配并不是绝对的平均，允许合理的财富和福利等经济利益的存在，并保证这种差异存在的合理权利及其相应义务的实现是分配正义的重要方面之一；而这种差异必须在合理的限度内，当以财富与其他福利为主要表现形式的经济利益差异已经影响到社会正义的情况时，法治必须加以干预使经济利益进行全社会的平等再分配，这是分配正义的更深层意义。我国社会经济发展的不平衡导致的环境和发展问题突出表现为，发达地区进入环境维护意识觉醒阶段的同时，广大欠发达地区需要的却仍然是经济利益的最大获取。如果寄希望双方承担同等的环境义务，这对于发展需求最大化一方的权利是一种伤害，必然导致环境保护的相关法制难以有效执行。因此，生态修复法实现分配正义的手段就是尽量避免这种伤害，在承担生态修复义务的过程中尽可能依据社会经济发展的实际情况，发达地区更多地承担对于资源开发或环境扰动带来的生态损害的弥补义务，承担应尽的历史发展遗留的社会义务，尽可能多地与国家一起履行先富带动后富的战略承诺。总之，不同地区的生态修复立法在权利义务的设置上更加应当考虑社会整体的分配正义问题，切实履行"共同但有区别"的生态修复法律原则。

（三）以地方生态修复立法最终推动全国性立法的必要性

上述两个方面的考虑正基于生态修复实践需要，基于因地制宜进行生态环境保护的需要，不搞标准化的"一刀切"，在权利义务设置上更加体现地方的实际需求，这恰恰是地方性立法的优势。但是并不意味着进行全国整体立法就没有实际意义，就必须是空洞的生态修复宣言。马克思主义哲学原理也证明过，部分功能的发挥如果离开整体的优势将难以最大化。系统的法律功能进化是部分法律制度效用最大化的基础。因此，全国性的生态修复立法在充分考虑不同地区法治实践的基础上进行统一的权利义务整体分配，起到规范全国生态修复实践的作用是生态修复系统立法发展和完善的基本形态。一是在生态修复的国家责任与不同经济发展地方责任的协调和衔接上需要全国立法统筹安排，公平分配各自的权利义务；二是在实施生态修复的地方社会经济可持续发展能力的修复问题上更需要国家整体政策支持和配合；三是生态系统对于一国而言是一个不可分割的整体，不同地区的生态修复最终要实现生态系统整体的最优配置，能够支持该国社会经济的可持续发展，这是一个难以分割的整体性过程；四是我们所处的时代是以生态文明为标志的，而生态修复作为生态文明的手段，其最终目标是社会生态文明的整体实现，这既是国家法治发展的战略性指引，更是我国人民生存权与发展权分配正义的整体实现过程。综上所述，全国性生态修复立法是地方性立法发展到一定阶段的必然结果，也是地方性立法不断尝试的最终实践成果。

六、全国性生态修复立法的路径选择——以应对气候变化法为突破口

设立全国性的生态修复法具有其必要性在上文已经阐述。现在关键问题生态修复立法到底是以哪种层级的法律文件形式出现，生态修复法与其他法律部门关系又如何。可以说立法的层级决定了生态修复法到底能够起到多大的社会和环境治理效用。立法层级过低容易与地方性法规或者其他法律法规存在这样或那样适用上的冲突。相反立法层级过高其过程必然是漫长且复杂的，与当前生态修复实践的迫切要求以及其社会经济发展调节作用又相去甚远。因此，选择适当的立法层级是生态修复全国性立法得以顺利、尽快出台的关键。

（一）以环境与资源保护法律制度的重要组成部分形式存在

将生态修复法律制度纳入环境与资源保护法律制度体系的完善范畴进行立法，是较为直接的立法形式。生态修复基本法律制度可以被纳入《环境保护法》中，在其中设专章对生态修复法律制度设定基本法律条文，并使其具有指导专门立法的原则性指引功能，这可以是生态修复立法的第一步。条文可以更加原则或具有宏观政策性导向作用，为进行专门的单行生态修复立法提供必要的上位法依据。关键是作为《环境保护法》的下位法，生态修复立法应当以行政法规的形式出现，还是应当制定更为低层级的部门规章呢？按照上文所述的地方立法推动全国立法的思路来说，制定行政法规更为适宜。这主要是因为，按照我国《立法法》第79条第2款之规定："行政法规的效力高于地方性法规、规章。"这就是说不论地方上是制定了生态修复的地方性法规还是规章，只要在全国范围来说，生态修复以行政法规的形式出现，其法律效力都将处于法律的较高地位。但是如果制定部门规章，在处理与地方性法规之间关系的时候会出现较为复杂的适用环境。因此，从这种意义上来说，为避免更多的具体法律条款冲突的问题，生态修复以行政法规的形式出现更为妥当。未来生态修复立法或将以《生态修复条例》形式出现。但是，制定生态修复行政法规仅仅是制定法律的某种过渡形态。因为，作为生态修复实践的具体复杂性来说，将不断涉及个人与个人之间、个人与单位之间等私法调整的法律关系，如果仅仅是行政性的法规，无法更好地从私权保护的角度实现生态修复的社会作用。当然，优先制定行政法规，充分加强不同部门法之间的配合也是较为合理的法治途径。

（二）以应对气候变化法律制度的重要组成部分形式存在

将生态修复法律制度纳入应对气候变化立法的进程中去，以应对气候变化法律制度下位法律制度的形式出现，是生态修复立法又一选择。如果以应对气候变化时代的视角审视生态修复问题，生态修复作为应对气候变化的措施是可行的，因此生态修复法律制度作为应对气候变化法治化的一种社会治理措施也是可行的。但是关键问题与上面的那种形式一样，选择制定行政法规还是部门规章？这主要应当取决于应对气候变化立法到底以哪种法律效力层级形式出现。如果应对气候变化以法律的形式出现，那么制定单行的生态修复行政法规也将更加适宜。但是应对气候变化立法与《环境保护法》的关系如何处理？如果应对气候变化法以行政法规的形式甚至更低一个法律效力层级形式出现，生态修复法律制度将只能作为其中一块内容加以规定。但也可以规定得更加原则一些，为地方立法创造更多的发挥空间。这种形态下更加可以通过不同地方因地制宜制定生态修复地方性法规和规章。然而，这样就会形成对于全国生态修复工作的忽视，可能造成生态修复整体的社会效用难以实现，最终使得生态修复法的分配正义价值难以实现。并且，涉及国家战略性的政策调控的内容就缺乏实际操作的可能，涉及地区间权利义务分配正义调整的法治难以实际运行，许多制度可能最终又流于形式。

（三）全国性生态修复法制建设可以以应对气候变化立法为突破口

生态修复法制建设不同于现有的土地复垦等生态恢复类法制理念，是对现有制度安排的创新。因此，在法制建设实践上要求生态修复法律制度的内容必须打破现有很多固有的立法观念和制度体系，创建适合中国国情的生态修复法治化道路。这种立法过程必然是困难和阻力重重，但是也正因为生态修复立法过程的复杂性才使其更具有社会现实意义。虽然主要以法律形式出现的《生态修复法》可以与现行的《环境保护法》和资源保护法等法律形成生态的、环境的以及资源的保护与整治法律制度体系。但这种立法需要地方性立法积累足够的法治实践经验，并形成较为合理的法律制度体系后才宜实施。但是如果退而求其次，在《环境保护法》以及未来的《应对气候变化法》中设立生态修复法律制度的尝试还是具有可行性和现实意义的。尤其是生态修复法律制度作为《应对气候变化法》的重要内容形式出现，不仅符合社会经济实际发展的需要，也具有切实可行性，甚至与生态修复相关的一些制度已经成为应对气候变化政策不可或缺的内容。基于上述选择，应对气候变化视野下的生态修复法律制度研究才具有更加符合实际需要的社会价值。

（四）应对气候变化视野下生态修复法应关注的主要制度设计方向

应对气候变化既是生态修复工作开展的大背景，也是当下我国社会、经济以及法治建设的热点。应对气候变化对我国真正有意义的是利用可以利用的国际和国内资源发展欠发达地区经济，提高国内人民的生活质量，使之能够懂得应对气候变化，有谈论应对气候变化的闲情逸致。应对气候变化绝不是政治绑架下的不确定性科学论断的傀儡行为，而应当是实实在在使人民获得生存和发展尊严的经济发展机遇。因此，有区别对待不同地区应对气候变化的途径和方式选择是必要的。发展中地区或者说欠发达地区利用自身资源优势，进行生态修复以应对气候变化的措施选择，与发达地区以节能减排、碳税等措施作为应对气候变化手段的路径选择，从其蕴含的平等权利和义务的角度来讲都是合理、合法的。这种分配正义价值基础上的应对气候变化立法才有其恒久正义存在的意义。在应对气候变化分配正义价值支配下的生态修复立法才有其实际的社会和经济发展价值。因此，生态修复在制度设计上就不仅要兼顾自然与社会修复的责任，更要注重发展中地区人民的经济利益获取意愿。不给他们增加新的经济发展阻碍或者社会经济发展负担，是应对气候变化立法以及生态修复法制建设的现实出路。

为此，在生态修复具体法律制度的设置上就应当更加注重激励，而并不是强调现有环境管制的加强；更加注重国家经济调控手段的运用，而不仅仅依赖现有的行政命令；更加强调培养公民的生态修复意识，而不依赖国家强制履行手段；更加关注资金问题的根本解决，以民间以及国际生态修复资金的融入为主要渠道，改变"等、靠、要"，以国家财政投入为主的资金筹集手段；更加强调生态修复产业培养，形成强有力的产业链，推动经济新的增长；更加强调生态修复执行的自然与社会效益，用民生的实质改善替代对社会总体 GDP 的古板追求；更加强调民众私权利的维护，避免公权的再度膨胀；把财富与其他社会福利的分配正义作为生态修复法制建设的终极目标，实现生存与发展权利义务平等基础上的可持续发展。

第五节　未来生态修复主体法律制度框架构想

上文已经较为详细介绍了未来生态修复法律制度的基本原则、基本法律关系以及立法的目的等总则应当具备的内容。本节主要讨论未来生态修复法中具体法律制度的设计问题。法律制度从某种角度来说即"部门法内部调整某一方面社会关系的相关法律规范的总称。"[1] 也就是说法律制度的划分以社会关系的调整对象为基础。因此，生态修复法律制度其所调整的诸多社会关系是明确划分其具体内容的重要标准。从上文的论述可以看出，生态修复法律制度所要实现的目的：一是生态系统平衡的修复；二是社会可持续发展能力的修复。这两种修复过程中包含的社会关系就是生态修复法律制度所要规制的两个主要社会关系。

首先，对于生态系统平衡修复，即自然的修复过程中不仅包含谁来修复、修复哪些、修复到什么标准、怎么修复、资金怎么办等直接涉及修复工程实际操作的法律制度设定问题；还涉及工程的验收、工程实施过程中的民事法律关系以及行政管理法律关系等。总结起来，主要是生态修复的权利义务主体法律制度，生态修复标准法律制度，生态修复资金法律制度，生态修复中的权利救济法律制度，以及生态修复工程行政管理过程中规划、审批和验收法律制度。结合现有的环境保护和自然资源保护法律体系，以及生态修复相关法治实践，目前较为明确的法律制度应当包括：生态修复标准法律制度、生态修复规划法律制度和生态修复资金法律制度。其中生态修复资金法律制度根据资金的来源多样性又可以进行详细划分。设立专门的基金是国内外生态修复相关法律制度完善的一个重要方向，也是现代环境保护政策落实的一个重要手段，因此生态修复基金法律制度是生态修复法律制度体系的重要内容。此外，在资金问题上，我国相关税费法律制度也是生态修复工程能够顺利开展的一个重要保障。因此，建立并完善生态修复税费法律制度是生态修复资金法律制度的又一重要内容。

其次，生态修复的社会修复过程中形成的社会关系是相关法律制度调整的又一对象。基于分配正义的法律价值取向，生态修复所

---

〔1〕 孙国华主编：《中华法学大辞典·法理学卷》，中国检察出版社 1997 年版，第135 页。

要实现的社会修复目的就是使财富或福利得以公平正义地分配，最大限度矫正不正义的权利义务分配状态，实现人们生存与发展权及其相关义务的分配正义。简单地说就是通过扩大生态修复义务主体，通过先富地区的补偿实现后富地区的社会经济可持续发展，从而落实国家先富带动后富的承诺。因此，生态修复补偿法律制度是生态修复社会修复目的成败的关键内容之一。但是这一似乎"劫富济贫"的法律规定能否真正获得社会的认可，保障我国社会经济的均衡发展，最重要的不是通过强制性的国家权力迫使其承担应尽的义务；而是要通过实施更多激励措施，用法律激励的手段达到生态修复义务人主动承担社会责任，主动履行生态修复义务，把吸引更多投资的生态修复行业发展热，带动后富地区社会经济发展模式创新，保障其发展权益。激励既是现代法治发展的重要方向也是实践验证的切实可行措施，生态修复激励法律制度的建立是未来生态修复立法的一个必备内容。

最后，生态修复产业越来越成为一种新兴的朝阳产业，它集生态修复技术的开发与使用、生态修复工程的具体实施、经济发展模式创新与转变等新生优势为一体。生态修复产业链的形成不仅代表着现代生态环境保护水平的进步，更带来了一种新的经济增长点。甚至是应对气候变化所带来的经济发展方式转变都离不开生态修复产业的支持和参与：一方面，共同但有区别的责任原则要求发展中地区应当以发展为其主要社会目标。节能减排、低碳经济都是发展到一定阶段所要实现的再进步方式，而不应是一蹴而就、一概而为的全国统一应对气候变化方式。发展中的地区与发达地区在应对气候变化过程中承担的主要义务不同，要求发展中地区应当尽力为自己的发展权益辩护，而不是紧随潮流，望风而动。应对气候变化的手段更不是仅有限制发展方式的节能减排以及低碳经济等措施可选。正确认知生态修复对于应对气候变化的重要意义，就应当获知生态修复工程实施以及相关产业的发展价值。生态修复应当是发展中地区"有区别"应对气候变化的主要义务，节能减排等措施则是发达地区的主要义务。这是由发展中地区与发达地区在经济发展能力、经济发展水平乃至社会发达程度上的差异性所决定的权利义务分配正义形态。因此，建立完善的生态修复产业法律制度是生态修复法律制度的又一关键内容，甚至是应对气候变化立法所应当考虑的法律制度设置方向。

另一方面，公众参与是现代环境法治民主化的方向，也是生态修复义务承担主体广泛化的重要方式。公众参与不仅仅强调对于生态环境保护的监督等间接参与，更重要的是让更多有能力的单位或个人直接投身到生态环境保护事业当中去。生态修复的公众参与不仅仅要求人们更加主动地监督义务主体自觉履行其应尽的社会责任，更主要的是让更多的单位或个人投身到生态修复工程实施或产业发展中去。鼓励并创造条件让更多的单位或个人能够通过生态修复工程或产业发展的参与获得更多经济利益，从而提高全民生态修复意识，使更多的人关注到生态修复地区的巨大发展潜力，带动当地相关产业的发展。当然公众参与生态修复还有立法参与、规划制定的参与、权益补偿标准制定的参与等方式，这都是生态修复公众参与法律制度应当具体规定的内容。

总结来看，生态修复法律制度应当包括的最基本内容有：生态修复基金法律制度、生态修复税费法律制度、生态修复激励法律制度、生态修复补偿法律制度、生态修复标准法律制度、生态修复工程规划法律制度、生态修复产业发展法律制度以及生态修复公众参与法律制度。当然生态修复法律制度还应当包括了其他起辅助作用的法律制度，例如社会保障法律制度、社会保险法律制度、权利救济法律制度等。但是由于这些制度依赖于现有相关法律制度可能更为妥当，一些制度难以短期内依据生态修复的要求进行更加合理的完善和修订，再加上本书研究内容和时间所限，因此就不再过多涉及讨论，仅对上述基本内容展开讨论。

一、生态修复基金法律制度

建立基金制度是确保生态修复资金充足的有力保证。在土地复垦中就应当建立相应的基金制度，这是一个最基本的资金保障，但是很遗憾的是我国新的《土地复垦条例》颁布实施后，相应的基金并没有建立起来，也造成许多制度规而无用，无法付诸实施。与土地复垦制度相似，生态修复制度运行的最大问题也在于资金的问题，资金不到位许多涉及民生的工程就无法开展，社会治理就无法取得实效，社会保障制度也就无从谈起。作为土地复垦制度建设相对完善的美国在建立相应制度伊始即注重了基金问题，建立专门的土地复垦基金，其土地复垦工程以及在此基础上的矿区生态修复工程才能取得实质进展。因此，着力解决生态修复基金制度是一个很关键的制度构建环节。

（一）环保基金设立的最主要法律依据

从国际范围来看，基金基本分为公益性基金和投资基金两个主要类型。公益性基金是以发展公益事业为主要目的，是指为兴办、维持或发展某种事业而储备的资金或专门拨款，这种基金必须用于指定的用途，并单独进行核算，如教育基金、研究基金、福利基金等；而投资基金是以获得投资收益为主要目的，是指由若干人（自然人或法人）出资组成，有相对稳定的存在形式，专门用于投资目的获得投资收益的投资方式。投资基金是一种利益共享、风险共担的集合投资方式，它通过发行基金单位，集中投资者的资金，由基金托管人托管，由基金管理人管理和运用资金，并将投资收益按基金投资者的投资比例进行分配的一种间接投资方式。[1] 然而我国2012 年修订并于 2013 年 6 月 1 日起实施的《证券投资基金法》（以下简称《基金法》）第 5 条将基金分为两种主要形式，一种为公开募集基金，另一种为非公开募集基金。《基金法》针对两种不同形式的基金规定了不同的收益与风险分配机制。前者由持有基金

---

〔1〕 张辉、朱道林："土地投资与土地基金"，载中华人民共和国国土资源部网站，http://www.mlr.gov.cn/tdzt/zdxc/tdr/2002/wszth/200711/t20071128_ 664388.htm，最后访问日期：2013 年 9 月 4 日。

份额来决定收益与风险分配，后者依基金合同约定。也就是说我国法律为生态修复基金的存在预留了立法空间。因此，生态修复基金作为公益性基金甚至投资性基金形式出现的法律依据是具备的。

关于专项环保基金，我国仅在1988年发布过一部《污染源治理专项基金有偿使用暂行办法》（以下简称《办法》）。该《办法》第3条规定了基金主要来源"基金从依照国务院《征收排污费暂行办法》征收的超标排污费用于补助重点排污单位治理污染源资金中提取，提取比例在20%~30%幅度内，由省、自治区、直辖市人民政府确定。已经大部或者全部实行基金有偿使用的地方，可以继续按照原办法执行。历年超标排污费的未用部分应当全部纳入基金。贷款利息、滞纳金和挪用贷款的罚息除按国家规定支付银行手续费外，其余全部纳入基金。"但是后来随着2003年《排污费征收使用管理条例》的颁布并施行，该《办法》被废止。迄今为止，我国再未颁布专门的环保基金法律法规，但是我国环保基金的实践从未停止过。关于环保治理专项资金的法律制度虽然分散在不同的法律法规中，然而具有一定环保基金性质的专项治理资金法律制度建设也并没有止步不前。不论是已经废止的《办法》还是后续的专项治理资金，都具有一个共同特征，即国家投入，专款专用；从性质上来说，环保公益的特征较为明显。这也是由我国现阶段发展的国情所决定的。并且，随着近年来民间公益组织的增多，公益捐助资金的不断增加，民间环保公益基金不论在规模还是影响力上都渐渐超越国家环保公益投资，成为我国环保基金的最主要形态。这在下文将进行详细分析。

此外，《民法通则》中关于法人的各项规定、《信托法》中关于公益信托的规定、《公益事业捐赠法》、国务院《基金会管理条例》、《社会团体登记管理条例》中关于非营利性社会组织的登记规定等都是我国环保公益基金设立及其相应管理机构——基金会设立并运作的法律依据。

（二）国内环保公益基金

国内环保公益基金的发展较为迅速，这与国家社会经济发展对于环保问题的重视程度密不可分。当前国内最有影响力的环保公益基金是中华环境保护基金。"为表彰首任国家环境保护局局长、原全国人大环境与资源保护委员会主任委员的曲格平教授在参与和领导中国的环境保护事业中做出的卓越贡献，1992年6月在巴西里约热内卢召开的联合国环境与发展大会上，曲格平教授获得了联合国环境大奖和10万美元奖金。获奖后，曲格平教授建议，以这笔奖金为基础成立中华环境保护基金会，促进中国环境保护事业的发展。他的这一建议得到了社会各界广泛的赞誉和支持。在党和国家有关领导和部门的支持下，中华环境保护基金会于1993年4月正式成立。中华环境保护基金会是环境保护部主管、民政部登记注册的中国第一家专门从事环境保护事业的全国性公募基金会。""中华环境保护基金会的宗旨是：广泛募集、取之于民、用之于民、保护环境、造福人类。"[1] 从其基金来源和基金会的创办目的来看，都表明该基金主要来源于民间，并主要为环保公益事业服务。除此之外，我国环保公益基金种类越来越多，例如，2011年中国节能环保集团公司设立"中国节能环保公益基金"。基金原始资金规模超过2000万元，接受社会捐款，款项主要用于帮助灾区和贫困、偏远地区建设节能环保安居项目，同时为这些地区的孩子创造接受教育的基础条件，并为当地提供节能环保技术和资金支持。[2] 2011年，中国海洋石油总公司针对海洋污染问题设立专门的海洋环保公益基金会。2012年，我国基金业第一个环保公益基金——富国环保公益基金设立，并成立专门的上海富国环保公益基金会负责基金

〔1〕 "中华环境保护基金会简介"，载中华环境保护基金会网站，http：//www. cepf. org. cn/Introduction_ 1/introduce/200907/t20090724_ 156714. htm，最后访问日期：2013年9月9日。

〔2〕 "'中国节能环保公益基金'正式启动"，载新华网，http：//news. xinhuanet. com/society/2011 –08/09/c_ 121836508. htm，最后访问日期：2013年9月9日。

的运作与管理。该基金会由富国基金发起成立，初始启动资金 200 万元，并主要来源于富国基金的捐赠。基金会登记管理机关是上海市社会团体管理局，业务主管单位是上海市环境保护局。[1] 2013 年，光大环保（中国）有限公司决定于年内设立光大国际环保教育公益基金，等等。这些环保公益基金无一例外都具有一个共同特征，即主体为企业，资金来源为企业或民间捐赠。

总之我国环保公益基金的发展表明国家环保公益基金相关制度健全的必要性，同时也说明建立全国范围内专项环保公益基金具有坚实的可行性实践基础。但是，就我国目前来看，环保基金的种类还是以公益型基金为主，对于投资型基金既无广泛的实践尝试，更没有完善的制度储备，甚至可以说在法律制度的建设上还是空白。

（三）国外环保投资基金

基金本身就是一个外来词汇，环保投资基金更是国外环境保护过程中一个较为普遍的环境保护资金筹集方式。当前世界上较为主流的环保投资基金应当包括以下几种形式：政府引导型基金、风险投资型基金、股票投资型基金。

政府引导型基金主要包括了国家级基金和地方基金，例如著名的美国超级基金，美国"超级基金法"规定"有害物质反应基金"（以下简称"反应基金"）资金中的 87.5% 来源于石油和化工原料税收，其余 12.5% 来自财政拨款；"关闭责任基金"（以下简称"关闭后基金"）资金来源于向合格的有害废弃物处理设施接纳到的所有有害废弃物的征税。美国《联邦水污染控制法》规定国家水污染控制周转基金由环保局长向每个州发放。可见美国"国家水污染控制周转基金"的资金也是来源于政府的。[2] 美国的地方级投资基金则如"加利福尼亚清洁能源基金成立于 1994 年，基金规模

---

〔1〕 主要内容参见上海富国环保公益基金会主页，http://www.fullgoal.com.cn/mini/201211_csr/about.htm，最后访问日期：2013 年 9 月 9 日。

〔2〕 黄真："环境保护基金基本法律问题初探"，中国政法大学 2003 年硕士学位论文。

3000 万美元，是一个地方政府级别的由政府掌管的公益基金，设立的目的是为清洁技术早期阶段的公司提供种子基金。"设立国家级基金的又如"加拿大可持续发展技术基金（SDTC），它是加拿大政府于 2001 年设立的重点资助和支持清洁技术开发和利用的非营利基金，由加拿大可持续发展技术行动基金会管理。此基金通过自然资源部长直接向国会报告，对国会负责。"[1]

风险投资型基金包括清洁技术风险投资基金，例如美国 Good Energies 和 Goldman Sachs 风险投资基金。它们除了进行股权投资外，还参与环保企业的兼并与收购；生物多样性企业基金（Biodiversity Eenterprise Funds），该基金由私人部门或非政府组织筹资成立，提供长期资金给从事具有地方特色且对生物多样性保育有显著贡献的中小型企业。基金的来源主要包括私人部门的投资、政府补助以及捐赠等。该基金又包含有环境企业援助基金、生态企业创投基金、拉丁美洲环境创投基金、绿色倡议基金等基本形式。[2]

股票投资型基金、生态股票基金在发展初期主要排除投资在环保方面有过不良记录的企业，中期之后使用正面筛选的方式，对其持股公司进行严格的环境成分影响测试，投资于在环保或者社会公益方面表现优良的公司。20 世纪末到 21 世纪初，生态股票基金已在欧美地区形成新的投资风潮。在英国，1999 年 12 月至 2001 年 10 月，便有 60 支退休基金采用 SRI（社会责任投资）的筛选准则，规模由 520 亿英镑成长到 1200 亿英镑。在美国，每 8 美元当中就有 1 美元投资于社会责任基金，其规模也自 1999 年的 2.16 兆美元增加到 2001 年的 2.34 兆美元。日本的第一支生态基金（Nikko eco - fund）

---

〔1〕 曲国明、王巧霞："国外环保投资基金经验对我国的启示"，载《金融发展研究》2010 年第 5 期。

〔2〕 曲国明、王巧霞："国外环保投资基金经验对我国的启示"，载《金融发展研究》2010 年第 5 期。

也在短短的两年半中增加到 4.83 亿美元。[1]

上述基金形态如果按照其资金主要来源还是可以总结为两种形式：一是国家投资型环保基金，这类基金主要的资金来源是国家的直接投资、税费征收、环保补助等；二是社会投资型基金，这类基金一般带有金融投资的意味，是一种吸引社会资本参与环保的重要基金形态。但不论是环保基金的来源与否，基金的目的都在于环境保护事业，并且都专款专用。使环保基金具有投资的功用一是有利于形成一种效益激励，鼓励最广泛的资金投入，保障环保事业经费的资金来源；二是投资基金本身即是一种收益来源，有利于扩大环保事业资金规模；三是投资基金也具有风险，需要妥善管理与经营。这是环保投资型基金的主要优势与存在的缺陷。

（四）同时建立并完善两种生态修复基金法律制度

生态修复是生态环境保护的重要措施和主要实践方式，因此从性质上说，生态修复基金是环境保护基金的组成部分，或者说是其重要的一分子。因此在其类型的选择上也应当有公益型与投资型两个方面。就我国目前的环保基金建设实践来看，选择公益型生态修复基金作为相关法制建设的主要方向可能更有制度土壤。但是并不是说投资型生态修复基金就没有法制建设的必要，事实上上面提到的《基金法》，已经为类似"生态修复投资基金"的设立留下了法律制度建设的足够空间。仅从实践以及法制建设的角度来看，两种形式的生态修复基金都具有其存在的必要理由。我国生态修复基金的形式应当是多元化的：一方面公益型基金形态是生态修复资金获取的最广泛、最可靠来源。公益性决定了生态修复公益基金资金获得渠道的广泛性；公益基金专款专用的特征和制度要求又决定了其可靠而稳定的运作方式。另一方面投资型基金形态又可以扩大生态修复基金的积累能力，也是扩展融资渠道的有效途径。但是由于投

〔1〕 曲国明、王巧霞："国外环保投资基金经验对我国的启示"，载《金融发展研究》2010 年第 5 期。

资本身就意味着风险，经营基金也是资本风险运作的某种必然方式，因此，设立的生态修复投资基金必须更加强调其运营风险的最小化，以保障生态修复各项事业所需资金的充足。为此，可以更加注重政府引导型投资基金的建设，结合我国当前投资基金法制不健全的现实状况，由地市级以上政府直接投资、参与或管理生态修复投资基金；也可以有限度地发展股票投资型生态修复基金。

总之，设立我国专门的生态修复基金对于生态修复而言具有举足轻重的社会意义。发展生态修复基金必须有完善的生态修复基金法律制度进行保障。因此生态修复公益基金法律制度、生态修复投资基金法律制度就应当成为生态修复基金运作并发挥其应有作用的有力保障。而不论采取何种形态设立基金并配以相应的法律制度，都应当遵循资金保障原则，确保生态修复基金能够及时专项用于生态修复各项事业的有序开展。同时建立并完善生态修复公益基金与投资基金法律制度对于生态修复基金法律制度的建立并完善来说同等重要。

二、生态修复税费法律制度

税与费存在着本质的区别，一般认为，税是国家依法无偿强制取得财政收入的一种特定分配形式，因而其具有无偿性和强制性的特征；而费仅仅是指各行政事业单位、司法机关按照有关规定实施行政管理或提供有偿服务时所收取的各种费用，具有有偿性的特征。并且从二者的用途来看税要纳入财政预算，根据"取之于民，用之于民"的原则主要用于国家的各项建设，不直接对纳税人提供服务，而费因提供各种有偿服务而生。因此，我国环境税与环境收费应当是两个概念的事情，为此，生态修复税与费制度也应当是两个制度体系的问题。

（一）生态修复税法律制度

从环境税在我国征收及其法律制度建设情况来看，环境保护类税收法律制度已经较为成熟，且在实际运行过程中已经形成较为合理的税收法律制度体系，这是生态修复税法律制度建立并完善的土壤。另外，从生态修复本身的属性来看，它也是环境补救类法律制度的一个重要组成部分。环境补救类法律制度不仅包括了环境的治理与应急处理，还包括恢复，但这种恢复有待改善，在理念和法律制度设计上都有待进步。生态修复就是这种对于原有理念和法律制度的改进方向。因此，生态修复既是环境保护过程的重要步骤，也是其法制发展中不可或缺的重要组成部分。

可以说，生态修复是环境保护治理的一部分，生态修复税也应当成为环境税的一个重要组成部分。"广义上的环境税是指为实现特定的环境保护目标、筹集环境保护资金而征收的具有调节与环境污染、资源利用行为相关的各种税及相关税收特别措施的总称。征收环境税一方面是通过引导、鼓励、调控企业与个人放弃或收敛破坏环境的生产活动或消费行为，实现环境保护的目标；另一方面是筹集保护环境与资源的公共财政专项收入，对可持续发展提供资金支持。"[1] 而生态修复税一方面是为了促使从事资源开发的人以及相关义务人能够自觉履行生态修复义务，实现生态修复的目标；另一方面，也是很重要的一个目的就是最大限度地依靠国家力量，利用国家承担并主导生态修复责任的条件，获取专项财政为生态修复工作提供资金保障。我国目前环境税包括资源税、消费税等，相应制度的存在也为生态修复税的征收提供了一定的立法基础，但是我国的环境税制度尚处于探索之中，并没有形成完整的体系，甚至可以说"中国尚未真正建立起环境税制度"[2]。然而，作为单项的生态修复税制度的建立，将为我国环境税制度的完善提供有利条件。需要严格讨论的是这些税的征收对象的范围如何界定。到底是所有直接或间接使用各种形式资源的单位或个人，还是仅仅是直接利用资源本身的单位或个人呢？既然税是取之于民，用之于民，而且生

---

〔1〕 丛中笑："环境税论略"，载《当代法学》2006 年第 6 期。

〔2〕 李传轩：《中国环境税法律制度之构建研究》，法律出版社 2011 年版，第 101～109 页。

态修复法治又基于风险共担原则，那么征收对象的范围应当尽量广泛。但生态系统受损地区所在地政府或民众既是直接受害者，也是生态修复的直接义务人。出于权利义务分配正义的角度，针对他们利用资源及其附属资源行为的收税应当区别对待，或者减轻或者免除，这应当根据当地社会经济发展的实际情况决定。

（二）生态修复费法律制度

对于生态修复费制度而言，这里的收费较之于前述的税并不是一个整体概念，而是由多个收费形式组成的制度体系。我国已经有了较为完善的环境费制度体系，诸如污染费、资源费等，其中资源费又包括了矿产资源费、水资源费、草原植被恢复费等。甚至有些地方已经规定了环境资源补偿费或生态环境补偿费，在旅游景区一些单位还利用景区售票方式收取自然保护区等景区的相关费用。[1]这些都为制定生态修复费制度提供了现实依据。生态修复费用应当包括企业的生态修复费、因直接损害而产生的赔偿费以及使用资源及其直接相关资源，如使用电力资源、化工资源的地区所应当缴纳的生态修复费、搬迁安置费、生态修复补偿费等。这些费用应当计入资源开发成本，利用市场调节收取相应的费用。应当指出的是，这种成本的增加应当是逐步的，按照一定的比例增加，而不能是直接地费用转嫁。费用成本的增加应当是制定一定的标准，这种标准必须与各地实际情况相适应。同时，开发成本的增加也在一定程度上影响到了资源开发业的发展，对于资源开发型城市来说在一定时期内也是不利的，因此，在其减产的基础上国家应当提供激励政策，进行一定程度的直接补贴，通过财政转移支付制度弥补这种不利影响，也防止资源开发企业趁机转嫁成本负担给广大普通消费者。

---

〔1〕 李传轩：《中国环境税法律制度之构建研究》，法律出版社2011年版，第98～101页。

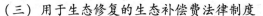
（三）用于生态修复的生态补偿费法律制度

生态补偿是一个外来概念，生态补偿（Ecological Compensation）最早源于1976年德国实施的Engriffs Regelung政策。目前国际上比较通用的概念是"生态或环境服务付费（OPES, Payment for Ecological/Environment services）。其是以生态系统的服务功能为基础，通过经济的手段，调整保护者与受益者在环境与生态方面的利益关系的机制。"[1] 全国科学技术名词审定委员会将生态补偿定义为："使生态影响的责任者承担破坏环境的经济损失；对生态环境保护、建设者和生态环境质量降低的受害者进行补偿的一种生态经济机制。"[2] 据此，本书认为生态补偿是为了实现生态环境和资源的可持续利用，以国家为主导，通过补偿资源开发受损方来实现一定区域内人们公平的生存权和发展权而进行的活动。简言之，生态补偿即是在国家主导下由生态环境受益方补偿受损方所受损失的活动。[3] 从自然生态补偿上说，生态修复仅仅是生态补偿的一个重要步骤或者方式；从社会意义上来说，生态修复是生态补偿过程中社会公平正义实现的一个重要方式。生态修复的进行是为了使生态环境受到破坏地区，特别是开发资源带来生态系统扰动地区，生态效益和社会效益得到应有的补偿或赔偿。这一点与生态补偿具有异曲同工之妙。征收生态修复补偿费即是生态补偿费的一种重要形态，并且生态修复补偿费是可以衡量的经济发展或社会发展所需费用。因此，根据未来的《生态补偿条例》制定相应的生态修复补偿费法律制度将是一种可行的途径。

〔1〕 万本太主编：《走向实践的生态补偿》，中国环境科学出版社2008年版，第3页。

〔2〕 "生态补偿"，载全国科学技术名词审定委员会网站，http://www.cnctst.gov.cn/pages/homepage/result.jsp#，最后访问日期：2013年9月11日。

〔3〕 吴鹏："我国矿产资源开发生态补偿法律制度研究"，海南大学2010年硕士学位论文。

三、生态修复激励法律制度

国外环境保护的实践表明，从环境管制到环境保护市场化运作再到环境激励制度建设的过程是环境保护法律制度建设不断发展完善的重要脉络。包括美国在内的发达国家在环境激励制度的建设方面都有其可资借鉴之处。"西为中用"一直是我国法制建设不断完善的重要途径。因此，从各国环境激励法律制度建设中总结经验是我国生态修复激励法律制度建立并完善的重要途径。

（一）美国有关激励制度建设实践

美国是环境保护运动的肇启国，并且其在环境保护的实践中逐步摸索出一套行之有效的政策措施。例如当前美国在环境保护实践中普遍运用基于市场的政策工具替代传统的"命令——控制"方法，这一工具最显著特征在于其具有低成本、高效率的特点和技术革新及扩散的持续激励。在这一政策工具理念的作用下美国诞生了可交易的排污许可证制度，国内一般统称为"排污权交易制度"。所谓排污权交易是指"在实施许可证管理及污染物排放总量控制的前提下，激励企业通过技术进步和污染治理节约污染排放指标，这种指标作为'环境容量资源'、'有价资源'或'储存'起来以备企业扩大生产规模之需，或在企业之间进行有偿转让。"[1] 该政策的最直接的作用就是激发企业去实现更多的污染消减。这一制度还衍生出了可交易的开发权制度等，实践证明这类制度的实施使得美国达到了在"整体上消减污染物质排出量之目的。"[2] 在美国矿区生态修复中，土地复垦基金政策的运用对其生态修复过程产生了激励作用，例如考虑到煤炭开采企业的负重和对复垦基金缴纳行为的激励，联邦政府在分配土地复垦基金的使用时，启动了"地区分享计划"（the state share）。"联邦政府规定废弃矿山修复费（AML

---

〔1〕 曹明德："排污权交易制度探析"，载《法律科学》2004 年第 4 期。
〔2〕 罗丽："美国排污权交易制度及其对我国的启示"，载《北京理工大学学报（社会科学版）》2004 年第 1 期。

Fee）的 50% 返还缴纳基金的矿山企业所属州，用于当地矿区生态环境的修复，特别用于当地水流域与空气污染净化项目。另外50% 的废弃矿山修复费用纳入土地复垦基金，根据治理计划和废弃矿山优先恢复治理的分级开展。地区分享计划极大地促进了开采企业缴纳基金费，自主履行补偿义务的积极性。"[1] 不论是排污权交易制度抑或是土地复垦基金的"地区分享计划"都可以清楚地看出环境激励制度的影子。美国政府采取的这些政策就是想通过市场的作用，刺激企业追求利润最大化的本质特性，从经济上激励企业从事环境保护活动，甚至是直接主动地承担矿区生态修复的相关义务。

与上述引导性质的激励不同，美国还采取了直接的"正面"激励政策，例如美国的污染治理补贴政策，该政策就是通过对污染者治理相应污染后给予消减排污补贴的措施直接使污染者在治理环境污染中获得实际利益。与此相似美国还确立了押金返还制度，这一制度实际上就是税收与补贴的结合，例如当消费者将物品送到指定的回收点时，政府会向他们支付补贴。"补贴的目的是激励人们避免以损害环境的方式处理物品。当消费者购买物品时，他们需要为此支付税金，这笔税收的目的并不是激励人们减少消费该物品，而是筹集用以支付补贴的资金。"[2] 这里的税收被称为押金，这就是所谓押金返还制度的一般解释。押金返还制度与补贴一样都是通过直接的利益获取激励企业或个人的环境保护行为。但值得注意的是押金返还制度更具有消费引导的作用，可能较直接的补贴而言更能够促进人们某种消费观念的转变。

（二）其他国家激励制度建设实践

矿业保证金制度是一种较为典型的激励制度，并且它在一些发

---

〔1〕宋蕾："美国土地复垦基金对中国废弃矿山修复治理的启示"，载《经济问题探索》2010 年第 4 期。

〔2〕［美］巴里·菲尔德、玛莎·菲尔德：《环境经济学》，原毅军、陈燕莹译，中国财政经济出版社 2006 年版，第 198 页。

达国家已经广泛应用。"《波兰矿业法》第 17 条第 1 款明确规定：若有特别重要的国家利益或特别重要的社会利益牵扯在内，特别是与环境保护有关的问题，则要授予特许权必须对因进行特许权所包括的活动所造成的后果签订担保书，提交保证金。"[1] 即拥有矿业开采特许权的企业在开采矿产资源之前就必须缴纳环境保护保证金，并且根据其治理环境的状况，这类保证金是要返还的。当然矿业保证金制度已经在我国有了法制建设的基础，这里就不再过多举例论述。

在环境守法的激励制度实践上，法国环境与能源管理局制定了技术援助和财政补贴政策，用来协调并资助能源和环境领域的研究和技术创新，并为针对企业和地方社区的环境投资项目提供技术援助和补贴。法国政府为环境保护和能源效率投资提供的财政援助包括直接项目补贴、贷款等。同时欧洲结构基金还可以在环境体系开发的过程中提供地方性帮助，尤其是向中小企业提供帮助。在日本，针对更为清洁的、气候友好的技术，日本政府为企业提供了税收优惠和低息贷款，有时甚至提供直接拨款[2]。在环境税与生态税激励制度上，德国 1999 年即发布了《实施生态税收改革法》拉开了生态税改革的序幕。这次改革中德国政府在对矿物能源、天然气和电力等资源利用行为加征生态税的同时实施了差别税率政策，以及对于可再生能源给予免征税的优惠政策[3]，这些政策措施的出台起到了应有的环境政策激励作用。此外，在环境保护公众参与制度方面，典型国家更是具备了较为健全的激励制度。不论是在环境公益诉讼制度的完善上，还是在公众参与环境保护意识的激励

〔1〕 国土资源部地质勘查司编：《各国矿业法选编　波兰地质和采矿法》，中国大地出版社 2005 年版，第 544 页。
〔2〕 经合组织编：《环境守法保障体系的国别比较研究》，曹颖、曹国志译，中国环境科学出版社 2010 年版，第 118 页。
〔3〕 李传轩：《中国环境税法律制度之构建研究》，法律出版社 2011 年版，第 77~79页。

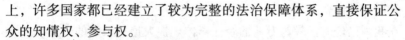

上，许多国家都已经建立了较为完整的法治保障体系，直接保证公众的知情权、参与权。

（三）对于中国的启示和经验借鉴

从上述典型国家环境激励政策或法制建设状况来看，环境激励是一种有效的经济手段，它产生于经济发展的要求，并且反映了其经济本质，更是将环境激励制度的社会经济属性作了最完整诠释。总而言之，经验告诉我们，环境激励制度的有效建立必须具备四个基本条件：首先，环境激励既然是经济手段，必然离不开经济措施的支持，既要提供激励制度建立的资金基础更要提供激励制度建立的法治基础，特别是要处理好激励措施与环境守法之间的关系；其次，环境激励制度的建立需要得到国家的支持，无论是财政税收领域还是政策乃至制度建设领域都要求发挥国家在经济关系中的协调的管理作用；再次，环境激励制度的建立离不开对公众参与环境保护的激励，这些激励不仅体现在资金的保障上，还重点体现在公众知情权、参与权以及公益诉权法治建设的完善上；最后，激励制度的建立还需要有一定的标准和基金制度的保障等。

（四）未来生态修复激励法律制度的具体设置

首先，根据生态修复制度构建内容的不同，其所配套的激励制度也应有所不同。对于生态修复管理制度而言，管理者既是激励措施的具体实施者，在某种环节上也是激励措施的具体受益方。调动管理者的积极性，就必须按照管理者贡献程度的大小予以奖励，这种奖励既可以是物质上的也可以是精神层面的。具体而言，就是将生态修复管理工作的成效与个人的升迁和各种福利相挂钩。设定更加公平完善的工作绩效制度和更加严格的问责制度，并将生态修复区域内居民的满意程度和治理的长期成效作为评判标准。这将是一个体制改革的问题，并不是可以在短期内予以实现的，但是相应的制度可以优先建立起来。对于生态修复的公众参与制度而言，一是对于积极参与生态修复治理的个人和企业应当给予实在的物质奖励。当个人或企业投资生态修复治理的各行各业时，就应当予以政策或直接的资金支持。实际上，生态修复产业也是一个朝阳产业，在我国已经有了较为专业的企业群体。扩大这一领域的政策和资金扶持力度是我国经济发展转型，乃至加速经济增长的又一动力。二是应当鼓励公众参与到生态修复工作的全过程中去，既积极投身必要的劳动，又要积极对生态修复工作进行监督，保障生态修复工作更加公平、公开地开展。三是促进权利义务的正义分配，吸引利用资源地区积极参与资源开发地区的城市化建设，加大投资或帮扶的力度，尽快促进资源开发型城市经济发展模式的根本转型。

其次，要进行有效的激励，就要有较为稳定充足的资金支持。建立完备的生态修复激励基金将是一个高效的途径。国外激励制度建设的经验也表明建立相对成熟的基金制度将有利于激励制度的设置和实施：一是基金的来源可以多样化，不论是合法的投资还是捐助抑或是国家财政安排都是可以接受的。二是基金的运作应当制定严格、详尽的程序以及标准。三是基金的运作应当由政府设立专门的机构或者由政府授权有资格的金融机构进行管理。并且基金管理机构应当进行周期性的资格审查，同时建立完善的监督制度，鼓励公众进行有效的监督。

再次，激励制度的运行应当有成熟的税费制度支持。税费制度是国家调节经济发展与环境保护的重要工具，通过税费征收进行有效的激励是一种被广泛采用的手段。因此，税费激励制度将成为激励制度建设的重要内容。通过相应税费激励制度建立：一是可以调节相应生态修复产业的有序健康发展；二是可以调动相关企业自觉投身到生态修复工作中去，促进义务承担方积极履行生态修复义务；三是可以通过税费负担，加大对于企业机会主义行为的控制力度，通过负的激励约束企业对于生态修复义务的逃避以及其他违法行为的存在。

最后，生态修复激励制度建立的重要目的之一就是确保相关制度能够被严格遵守。守法是法制运行结果的衡量标准，更是法治存在的目的。激励制度建立就是要使得守法成为一种自觉而为的行为。与强制性的，或者很大程度上是迫使公众承担相应义务不同，激励更看重的是法的教化作用，看重的是法作为一种理念或者是一种最低道德评判标准深入人心的程度。激励所要建立的守法理念是利用人们对于秩序的自觉恪守来实现法治。为此建立生态修复激励制度：一是要建立生态修复义务方守法的奖励制度；二是要建立主动守法的鼓励措施；三是要诱导公众树立起自觉守法的法治理念。

此外，构建激励制度需要建立严格的标准和评估制度。对于什么情况可以使用激励、什么主体可以予以激励等问题是激励制度中标准制度应当重点回答的问题。生态修复涉及的权利义务主体是广泛的，在不同的阶段应当有不同的具体激励措施。这些标准以我国目前的经济发展状况应当是无法统一确定的，但激励应当体现分配正义原则，鼓励生态修复义务的有效承担则是具有共性的标准。各地可以根据地方实践，因地制宜地确定相应的标准。对于激励制度的评估问题，主要是要了解激励措施实施的有效程度。

综上所述，生态修复激励法律制度应当包括以下内容：生态修复激励标准规定；生态修复激励对象及实施主体的规定；生态修复产业激励原则性规定（在制度安排上应当区别于具体的生态修复产业法律制度设定章节，因此这里可以做简单的原则性规定）；生态修复激励资金来源的规定；生态修复行政管理主体内部激励规定；生态修复相关执法人员的激励规定；生态修复公众参与激励规定（生态修复公众参与法律制度章节可以仅对参与事项、原则、主体等具体问题进行规定，而不再规定相应的激励措施）。

四、生态修复标准法律制度

生态修复是生态环境保护的重要措施，生态修复法律制度也是生态环境保护法律制度的重要组成部分。因此，环境保护法律制度中关于环境标准问题的规定是建立生态修复标准法律制度的基础。目前，我国生态环境标准法律制度体系已经建立，从标准制定的管理到具体标准制度的规定都有相应的法律法规。

（一）以现有生态环境标准管理类法律制度为基础

就标准的管理问题来说，1999年颁布的《环境标准管理办法》对于环境标准的制定、实施及监督等制度进行了严格规定；2003年《关于加强和改革环境保护标准工作的意见》对环境保护标准工作的改革问题作了明确指导和说明；2006年《国家环境保护标准制修订工作管理办法》颁布，对各类国家环境保护标准制修订工作的全过程进行了规定；2007年《关于加强国家环境保护标准技术管理工作的通知》发布，进一步规范了各类环保标准制修订工作；2007年《加强国家污染物排放标准制修订工作的指导意见》公布；2010年颁布的《地方环境质量标准和污染物排放标准备案管理办法》，对于地方人民政府依法制定的地方环境质量标准和污染物排放标准的备案制度进行了详细规定；2010年为规范国家环境保护标准制修订项目计划管理工作颁布了《国家环境保护标准制修订项目计划管理办法》。这些环境标准管理类法律制度为环境标准的制定和实施提供了规范的法制保障。由于生态修复也是生态环境保护的重要措施，因此，在生态修复标准管理类法律制度上就无须另外制定较高级别的法律法规。根据环境标准管理法律法规制定相应的具体实施办法就已经能够满足实践需要。

（二）生态修复标准法律制度的设置问题

采取何种标准衡量生态修复的成效，是决定生态修复工程实施效果以及生态修复社会和经济效益的基本因素之一。就我国目前的生态环境保护标准法律制度来看，具有生态修复性质的有《土地复垦条例》及其相关标准；资源保护法律制度中关于恢复或土地复垦标准的规定等。其中起到最主要基础作用的是涉及土地复垦标准的法律制度。土地复垦是生态恢复的重要方面，也是生态修复理论的实践基础。因此土地复垦标准相关的法律制度是建立生态修复标准法律制度的主要参考之一。1995年国土资源部即颁布了《土地复垦技术标准（试行）》对土地复垦的管理问题、土地复垦所要实现的生态和社会效益进行了较为细致的量化规定。但随着社会经济的发展该标准已经不再适应土地复垦的要求。因此 2013 年，为规范生产建设活动和自然灾害损毁土地复垦工作，提高土地复垦的实施质量，推进土地复垦管理的制度化、规范化建设，国土资源部又制定了《土地复垦质量控制标准》。《土地复垦质量控制标准》对1995 年的技术标准进行了更为细致和合理的量化，对于加强土地复垦的管理和工程具体实施提供了极具操作性的评估和监督检测依据。除此之外，对于土地复垦方案的编制问题，国土资源部也进行了明确的标准规制，于 2011 年即颁布了《土地复垦方案编制规程》。

生态修复是比土地复垦更为合理的生态环境保护以及社会经济可持续发展能力保护实践，因此生态修复的标准应在上述标准法律规制文件的基础上有所创新、提高并具有自身特点。例如，与土地复垦相比，生态修复更强调对于生态系统整体功能的维护，关注对于生态系统平衡的修复。因此在标准的制定上就应当突出对于生态系统整体运行所需的具体要求。不仅是土地及其附着物的维护标准，也要有关于生物之间、生物与人之间，乃至人与人之间运作关系的标准。例如编制《生物多样性维护标准》、《水环境与资源维护标准》、《污染物排放和防控标准》、《土壤污染与修复标准》、《景观治理与建设标准》、《生态修复产业标准》、《生态修复工程技术标准》等。同时，生态修复应更加关注人的生存与发展，将人是否可以在生存与发展权正义分配的条件下实现生态环境与人的和谐发展作为原则标准。这是生态修复更为严格的社会修复要求。因此，生态修复的标准不能仅仅针对自然的量化数据，更主要要对生态修复地区社会经济发展进行科学合理估算和预期，并依此进行相关社会修复标准的制定。比如《移民搬迁补偿标准》、《民众生态损失补偿标准》、"社会经济发展平衡所需的国家和社会投入标准"等。总之，生态修复在按照土地复垦相关标准制定本身的自然修复标准之外还需要有严格社会修复标准。并且社会修复标准应当依据各地实际情况因地制宜，但国家应有宏观指导。

五、生态修复规划法律制度

由于研究领域的不同环境管理与环境法学对于环境规划的定义不尽相同。有学者从环境法学研究角度认为，"环境规划是指有关部门为了达到一定的目标，对未来特定时期在特定区域内围绕某种环境要素的社会活动所作出的全面部署和安排。"[1] 也有学者从环境管理的角度认为，"环境规划是政府（或其他组织）为了实现既定的预期环境目标，在国家环境保护的法律和法规的框架下，对未来一段时期内将采取的生态环境功能和环境质量保护行动进行计划和监控。"并指出："完整的环境规划通常包括以下六个环节：环境规划目标的确定、环境规划的论证、环境规划的制订、环境规划的实施、环境规划的评估、环境规划的终结。"[2]

（一）我国环境保护规划法律制度现状简析

就我国目前环境保护政策制定现状来看，尚没有专门的环境保护规划立法，各类环境保护规划主要统筹于国家或地方社会经济发展计划当中，或者是散见于各种法律文件中。如果非要从法制意义上对环境规划的种类进行划分，我国现有的环境规划只有社会经济发展计划中的环境计划文件一种类型，例如"十一五"计划、"十二五"计划等。环境规划法律制度在我国既没有形成专门的立法体系，也没有正式的制定和实施法律制度。虽然 2009 年国务院颁布了《规划环境影响评价条例》，对于环境规划问题进行了一定的制度安排，但是该条例主要针对环境保护规划的影响评估进行程序性规制，对于环境规划的标准、制定主体、具体内容、规划的实施以及环境规划如何终结等问题都没有进行规定。也就是说现有法律制度并不是真正意义上的环境规划类法律制度。即使是有了国家层面的环境保护计划，也都仅仅是宏观性指导政策或意见，实际可操作性十分有限。其他诸如资源保护类法律法规中关于土地使用与复

---

〔1〕 张璐："环境规划的体系和法律效力"，载《环境保护》2006 年第 11 期。
〔2〕 贾丽虹："环境规划实施机制的理论分析"，载《广东科技》2009 年第 16 期。

垦、矿产资源保护、自然保护区建设、景区建设等规定要么过于分散，要么仅仅是原则性条文，均缺乏实际可操作性。环境规划的作用是促进环境与经济、社会的协调发展，保障环保活动纳入经济和社会发展计划，合理分配排污削减量，有效地获取环境效益，指导各项环保活动。[1] 正因为环境规划有利于环境保护乃至社会经济可持续发展，环境保护规划法律制度的制定和完善才具有其现实意义。尽快制定符合我国国情、因地制宜的环境保护规划法律制度体系是我国环境保护法治建设完善的重要方向，也是生态修复法律制度建设应当具备的重要内容。

（二）生态修复规划法律制度建设总体设想

环境规划的六个环节决定了环境规划应当包含的主要内容，因此，生态修复规划也应当从这六个方面的内容进行法律制度方面的建设。

首先，生态修复目标规划制度应当从两个主要方面去考虑，一是自然修复目标，即生态系统整体平衡目标，这是生态修复的"面子工程"。没有生态系统整体平衡的维护就没有后续生态环境保护的实际意义。细枝末节的小修小补改变不了生态环境受损地区生态系统的失衡状态。从这种理念上来说，生态修复的自然目标规划就应当通盘考虑，不仅对生物、自然资源等自在物进行有效的维护和治理，还要对以人为主的自然景观、环境等进行修复。二是社会目标规划。这是生态修复之所以应当上升为法律制度的根本理由。社会目标也应当包含了两个层次的内容：一方面生态修复义务要平等分配，权利要正义获取。任何使用生态修复地区资源的主体都有进行修复的义务，任何需要进行生态修复的中西部欠发达地区的人民，都有获得与东部发达地区相同富裕经济条件的权利。最大限度缩小不同地区间社会经济发展的差距，这是生态修复社会目标规划

---

〔1〕 傅国伟："当代环境规划的定义、作用与特征分析"，载《中国环境科学》1999 年第 1 期。

的最低法制建设要求。另一方面，在上述社会目标实现的基础上，最大限度满足后发展地区人民对于生态环境质量改善的要求，在经济差距实实在在缩小基础上实现国家整体生态环境的全面好转。同时，使之有能力支持社会经济的可持续发展。就现实情况而言第一层次的社会目标规划是最现实、最紧迫、最值得关注的。

其次，生态修复规划的论证、制定与实施是生态修复规划法律制度中彰显程序正义的主要阶段。这些内容我国目前已经有实践的依据，对于其法制化有了有益的尝试。生态修复规划的这三个过程是对现有环境规划程序过程的再完善：一是在论证中应当积极引入公众参与机制，在规划制定伊始就应当鼓励公众的决策参与，让公众，特别是利益攸关方能够积极落实其主张；二是在规划制定之时应当更加强调民主评议、民主决策，同时还要加强公众私权，尽量减少行政权的滥用和干预，积极采取从激励角度落实规划目标的内容设置模式；三是规划的实施应当与行政主体的政绩紧密挂钩，完善监督机制，加强问责机制的建设。还要进行不同时期的验收测评考核，并提高民众评分在考核中的权重。

再次，生态修复规划的评估制度设置应当符合当前环境影响评价相关法律规定。评估的方式、内容等应当依据不同地区不同生态修复要求制定更加细化的内容。评估应当引入公众参与机制，并把公众的评价内容作为制定生态修复规划的主要参照。评估的结果应当与行政主体的业绩评价相结合，应当设立行政首长政绩评价内容，把生态修复的评价结果作为行政责任人员的工作绩效进行系统考察。此外，生态修复规划的评估结果还应当具有影响规划能否被审核通过的作用。

最后，生态修复规划的终结应当在评估的基础上进行，不仅要制定明细的考察标准条款，还要有符合各地实际情况的社会经济以及生态环境考察指标。终结评估的结果应当作为规划实施效果的主要考核标准，并和上述制度一起纳入对相关行政主体政绩考察制度体系。采取以激励为主、惩罚为辅的归责原则，确定生态修复规划终结事项。等等。

当然，生态修复规划法律制度还有很多需要完善和重新建构的地方，这一制度还有深入研究的必要性和社会价值。由于本书文字有限就不再过多论及，期待今后有所研发。

六、生态修复产业发展法律制度

随着生态修复实践的不断开展和社会资本的投入，生态修复产业链正在逐步形成。但是这种新兴产业的发展尚未形成严格的制度规制，在行业标准、融资渠道、行业准入标准等方面都没有较为完整的法律制度体系。借鉴环保产业发展的各种制度建设经验，汲取其有用之法以完善之，是生态修复法律制度体系建构和完善的有效途径。

（一）我国环保产业现有不足及原因总结

我国环保产业中早在 20 世纪 90 年代即有了生态恢复方面的产业发展，但是这些产业乃至整个环保产业都具有严重不足，"企业数量多、规模小，主要集中在沿海、沿江的经济发达的地区；环保产品技术含量低、质量差、缺乏名牌，环保技术开发、咨询服务以及环保工程设计施工、产品营销、自然生态保护相对薄弱；环境科技成果过剩，产品转化率低，与市场严重脱节；环保市场混乱，竞争无序化，无力与国外企业竞争。"[1] 究其原因，一是资金投入不足，环保产业对于资本的吸引力度不够；二是产业准入制度不健全，产业盲目发展；三是缺乏国内政策的激励与支持，难以形成支柱产业。因此从这三个大的方向入手逐步健全环保产业法制体系具有重要的实际意义。

（二）生态修复产业法制建立并完善的主要内容

首先，生态修复产业的发展必须与生态修复的社会实际要求相衔接，广阔的生态修复地域和种类要求生态修复产业的发展应当规

---

〔1〕 王小萍："环保产业发展的政策与法制环境"，载《生产力研究》2003 年第 3 期。

模化、专业化。因此建立完善的生态修复产业准入制度是首要任务。从我国各行各业发展来看，行业标准与市场准入标准都是相应产业准入及其发展制度的重要内容，建立生态修复行业标准、市场准入标准、生态修复执业标准等制度则应是重中之重。其次，加强产业的政策引导与支持。建立并完善生态修复产业发展激励制度，在给予生态修复产业必要的政策优惠，以引导并鼓励社会资本进入该产业的同时，还应当注重国家专项财政政策的支持。国家可以在税收优惠政策的基础上，实施国家以及发达地区财政对生态修复产业的直接投资，形成规模化、专业化的生态修复产业，专项支援中西部发展中地区生态修复需求。最后，生态修复产业具有高度专业化的特征，专业的技术储备、专业的法律知识对生态修复产业的发展具有积极影响。因此把好关，加强生态修复队伍专业化培养与从业资格标准化制度建设是生态修复产业法律制度建设的重要方面。

此外，生态修复产业的发展最终要靠完善的激励机制，靠对于社会资本的有效和正确引导，靠国家责任的有效担当，更要靠不同地区间对于分配正义社会价值的有效认同，因此，明确发达地区生态修复产业发展促进义务，建立更加具有实效的产业发展激励机制，完善国家的地区协调与宏观调控机制也是相关制度完善的方向。

当然，除去上述几大生态修复法律制度建设之外，与生态修复相关的其他法律制度建设也相当重要。首先，生态修复公众参与法律制度。公众参与是现代民主社会的标志，也体现了对民众生态修复相关私权的法治关怀，同时它也是监督公权力执行生态修复相关管理行为的重要途径。而从另一个角度来说它还是激励社会共同关注生态修复研究与实践的有效措施。其次，生态修复涉及地区的生态移民搬迁安置法律制度。这一制度目前已经具备相关的制度建设基础，例如三峡库区的移民搬迁安置制度等。再次，相应地，生态修复移民搬迁安置后必须有完备的社会保障法律制度，主要用于保障搬迁移民实现富裕之前的最基本社会生存与发展权利。例如帮助他们从事有益于生活改善的工作，给予他们更加合理的经济赔偿和补偿，对他们进行再教育，建立专门的信访渠道解决他们的实际问题等。最后，还应当有生态修复社会责任制度，这一制度主要明确发达地区对从事资源开发而需要进行生态修复地区的建设义务，确定其社会和经济利益共享义务。但是这一义务的设定应当是宏观的，因为因地制宜是生态修复的特征，不同地区间职责的不同，义务承担的方式对其内容的设定来说也应有所不同。要求发达地区明确设立专门的生态修复资金与项目支援途径尤为重要。

结　论

　　"沧海桑田"既是一种慨叹也是一种对于欠发达地区生态环境的真实写照。然而，就如同"没有买卖就没有杀戮"的警示标语一样，没有人类对于发展的渴望和对资源的索取就很难出现生态系统失衡与环境的严重污染。但是从理性角度看，人类的发展是无罪的，人类所有的行为都是为了自身种族的繁衍与不灭。人类既是自然的改造者也是自然的损害者。在改造与损害之间有时候仅仅是结果上的差别，但对于人类社会本身而言有着本质性的区别。人类在获取自然资源以生存与发展的同时不可避免地要破坏原有自然状态，生态环境也随之遭到某种程度的破坏。然而这种破坏并不一定意味着损害，只有当这种破坏达到难以恢复、难以重建或者难以被修整改善的地步，这种破坏才是完全意义上的损害。换句话说，损害并不是天然的，只有当人们不去重视生态环境的破坏，不采取措施修复生态环境时，利用自然资源带来的破坏才是真正意义上的损害。一旦损害作用于人类社会，就会产生这样或那样的经济、社会问题，这一过程即是人类由自然改造者转化为损害者的尴尬路径。各种生态系统失衡与环境污染状态的出现是人们利用自然资源、改造生存环境的必然结果，这是人类改造自然的实践过程之一，这种改造有转化为对自然损害的潜质。我们只有重视人类改造自然的破坏力度，切实采取措施修复生态环境才能够有效制约其转化为损害的程度，甚至消除这种损害，将其控制在社会意义下的改造自然的范畴之内。

控制生态环境损害，对受到人类影响的地区进行修复，是生态修复工程开展的初衷。但是这并不是生态修复的全部。正如上文一再强调的那样，生态修复包含着两个最基本的目标：一是实现包括人类社会在内的生态系统整体平衡的恢复或重建，而另一个是实现人类社会本身可持续发展能力的恢复或重建。简言之，一是生态系统目标；二是社会目标。这两个目标的实现既需要工程技术的广泛实践和运用，更需要法律机制的保障和促进。不论是技术还是法律机制，都应以人类社会的利益为根本宗旨。

人是自然改造的积极力量，从人类诞生的那天起，人类就不停地为自身种群的繁衍而不懈努力着。这是必须要看到的积极一面，但这种积极绝不能超过自然所能承受的限度。不论是对于自然的改造还是对于生态系统的维护都是出于人类的积极性与克制性的双重动机。开发资源、改造自然环境是人类社会进步或者国家经济发展的必然要求，也是人类积极改造自然活动中的重要类型，但是在这种活动中人类应当表现出极大的克制。这种克制不仅仅为了资源与环境能够可持续利用、生态系统的平衡能够维持，更主要的是将人类利用资源带来的不利因素降低到最低程度，使得人类能够更加长久利用地球资源，为社会的可持续发展创造条件。因此生态修复的唯一宗旨就是社会的进步，而我们所做的所有努力，包括对于生态环境本身维护的努力都最终将落实到人类社会整体福祉的实现。正因为生态修复彰显为人谋福祉这一社会属性的基本要求，其相应法律机制的构建才具有了完整的实践和理论意义。

法的分配正义价值的实现是生态修复法律机制构建最基本的法律理念。法治是人类社会秩序的象征，它是一种人类为共同福祉而相互妥协的契约产物。在法的众多价值形态中，分配正义价值更体现了一种平等、公正获得和享受福祉的价值取向。当前，我国社会经济、政治和文化等地域差异依然存在，并且在很多领域还表现得相当明显。当北京 PM2.5 不断刷新历史纪录、风沙弥漫的同时，人类关心的是如何减少资源的利用，更加严格地保护生态环境。但是在更为广大的中西部资源开发型城市，人们在思考如何通过加大资源的利用力度来创造新的就业机会和经济增长速度。这种差异表现在权利义务的分配正义上，则更加要求国家制定大政方针的时候切实因地制宜，在发展机遇受到损害的时候，国家可以予以最大限度的弥补。正如典型采煤塌陷区所反映出的现实问题，当国家《土地复垦条例》个别不利条款的利剑强加在塌陷区人民头上的同时，那些享受资源开发带来巨大发展机遇的地区很大程度上还在"冷眼旁观"。既然国家政策或者法律都在强调一种限制，那么国家就更应当担负起协调不同地区发展机遇并实现其权利义务分配正义的国家责任。让更多的人享受资源开发带来的巨大社会发展机遇的同时，也更应当让资源开发导致生态环境受损地区内的居民感受到法的分配正义价值的存在。生态修复法律机制的构建更加明确了这样一种方向。将生态修复的权利义务进行更加合理和公正地划分，在充分实现当地生态系统平衡的同时，让更广泛的主体或者更有能力的主体承担起生态修复的义务。

笔者以为，以分配正义的名义强调建立生态修复法律制度，最主要的还是要在应对气候变化时代发挥它的社会正义维护功能。应对气候变化应当以人的存在和发展为最终目标解决人如何面对自然变化的问题。一个民族、一个国家要想增强应对气候变化的能力就必须在自身发展中取得社会经济发展与生态系统的平衡，而取得平衡的手段就是通过修复受损的生态系统即生态修复来重新加强地球的自我维持能力。取得天然盟友的支持，这个民族和国家在应对气候变化的实践中才能获得主动。因此，从生态系统本身的意义上来说，生态修复作为应对气候变化重要措施的地位是天然的也是符合自然规律的。对于社会意义上的生态修复来说，应对气候变化应当更加注重公平正义。人的生存与发展都是无罪的，尽快抛弃片面强调人为因素的应对气候变化理论束缚，探索适合中国国情的应对气候变化法治道路，是与国际"环境法西斯主义"思潮彻底决裂的最佳方式。发达国家与地区人民享受的财富和社会福利，无论如何也不可与发展中国家和地区人民的困难处境相提并论。了解贫困与落后仍然是发展中国家和地区主要标志，就应当明白发展对于他们的可贵之处；只要没有外力强制放弃，发展就是那里的人民不懈追求的目标与神圣不可自弃的权利。发展中国家，或者对一国而言的发展中地区，只要其社会没有达到发达的程度，只要其人民还没有享受到物质财富带来的巨大生存与发展福利，那么发展都是其首要义务和责任，但这种发展是有义务的发展，是有节制的发展。生态修复就是这种义务与节制实现的手段。抛弃对于"碳"近乎偏执的执拗兴趣，多多考虑自然应对气候变化的途径，多多关注切合民生的新兴手段与产业进步是广大发展中国家或地区人民最大的福音。"以自然应对自然"的生态修复手段或许就是倾听福音的有效措施。

《矿产资源法》修订中关于矿区
生态修复部分的建议稿

《矿产资源法》是矿区生态修复法律机制的上位立法。这一法律执行了二十多年，已经越来越不适应社会，尤其是当前生态文明矿区建设的现实要求。国土资源部门正在着力研究对其进行系统的修订。笔者有幸参与有关部门组织的《矿产资源法》立法项目，撰写了矿区生态修复相关部分。如果能够被实际立法采纳，将成为矿区生态修复法律机制构建最直接的法制基础，有利于相应法律体系的形成和完善。

第 X 章 矿区生态修复（暂定章名）

第 XX 条【基本原则】 矿区生态修复应当遵循"谁开发利用，谁负责"的原则。所有开发或利用矿产资源从事生产和生活的单位和个人，都应主动承担相应矿区的生态修复义务。

矿区生态修复义务可以通过税费缴纳、直接投资、技术开发或直接进行生态修复劳动等方式承担。

第 XX 条【生态修复】 采矿权人应当依法保护矿区生态环境。因开采矿产资源对矿区生态环境造成破坏的，采矿权人应当进行生态修复。

第 XX 条【土地复垦】 国家鼓励广泛运用各种成熟的生态修复

技术对矿区生态环境进行有效治理。

对有条件开展土地复垦的耕地、林地、草地应当依法进行有效复垦。其他法律法规对土地复垦有明确规定的从其规定。对于复垦困难或采取其他生态修复方式能够达到矿区生态环境治理效果的，应当运用多种手段予以修复。

第 XX 条【管理机构】　国务院国土资源主管部门负责全国土地复垦或其他形式的生态修复监督管理工作。县级以上地方人民政府国土资源主管部门负责本行政区域土地复垦或其他形式生态环境修复的监督管理工作。

第 XX 条【修复规划】　开采矿产资源应当制定生态修复规划及生态修复实施方案。

矿区生态修复规划应由采矿企业所在地县级以上人民政府根据当地实际情况制定。矿区生态修复规划应当纳入城市发展规划。

第 XX 条【修复实施方案】　矿区生态修复实施方案应当由采矿权人制定，并提交县级以上人民政府批准后执行。采矿企业所在地县级以上人民政府国土资源行政主管部门应当负责监督该企业矿区生态修复方案的实施，并将执行情况予以备案。

第 XX 条【方案评估】　采矿企业所在地县级以上人民政府国土资源行政主管部门应当定期组织专家对方案执行情况进行评估。采矿企业所在地县级以上人民政府应当根据当地实际情况依法制定相关的评估标准和办法。

采矿权人提交的矿区生态环境修复规划与实施方案未经批准，不得擅自开采相应地区的矿产资源。

第 XX 条【公众参与】　国家鼓励有关单位、专家和公众以适当方式参与土地复垦等矿区生态环境修复规划的制定和实施过程。

对涉及面广，生态环境影响较为严重的矿区建设应当由采矿权审批机关负责组织听证，并将公众意见作为是否颁发相关许可证的依据。

第 XX 条【信息公开】　国家逐步建立矿区生态修复信息公开制度。各级国土资源部门负责对本辖区内的矿区生态修复信息进行统计，并以公众便于查知的方式依法予以公开。其他法律法规对相关环境信息公开另有规定的从其规定。

第 XX 条【检举控告】 采矿企业所在地居民发现采矿权人或行政管理机关有违法行为的，有检举控告的权利。

第 XX 条【公益诉讼】 依法成立并具有环境保护资质的组织、矿区所在地的行政机关，认为采矿过程中的违法行为破坏生态环境的可以提起公益诉讼。

第 XX 条【支持起诉】 当事人提起公益诉讼的，其他有关行政机关应当予以积极配合。

矿区居民因生态环境利益受到损失提起民事诉讼的，行政机关应当予以必要支持。

第 XX 条【民事赔偿】 开采矿产资源给他人生产、生活造成损失的，采矿权人应当依法给予相应赔偿。赔偿标准应由采矿企业所在地县级人民政府依据当地社会经济发展情况予以制定。

当事双方希望协商解决的，采矿企业所在地人民政府应当为其提供便利，并将协商结果进行备案。

双方协商不成的可以进行民事诉讼。但已达成协商结果后又反悔的，在民事诉讼过程中法院应予以充分考虑，当事人必须承担因此产生的不利后果。

第 XX 条【激励机制】 国家逐步设立矿区生态修复基金，并依法建立完善的基金运作制度。有条件的矿区所在地地方政府应当因地制宜地制定相关的具体制度。

国家鼓励生态修复技术的研发和应用。对于在矿区生态环境修复工作中有突出贡献的单位或个人应当给予一定奖励。

采矿企业所在地县级以上人民政府应当制定相应的激励制度，鼓励民间生态修复投资，对进行矿区生态修复建设投资的企业应当给予税费减免等政策照顾。

参考文献

一、著作类

1. 王灿发：《环境资源法学教程》，中国政法大学出版社 1997 年版。

2. 国家气候变化对策协调小组办公室与中国 21 世纪议程管理中心主编：《全球气候变化：人类面临的挑战》，商务印书馆 2004 年版。

3. 张建伟等：《气候变化应对法律问题研究》，中国科学出版社 2010 年版。

4. 王子忠：《气候变化：政治绑架科学》，中国财政经济出版社 2010 年版。

5. 孙佑海：《超越环境"风暴"——中国环境资源保护立法研究》，中国法制出版社 2008 年版。

6. 曹明德：《生态法新探》，人民出版社 2007 年版。

7. 汪劲：《环境资源法学》，北京大学出版社 2005 年版。

8. 汪劲主编：《环保法治三十年：我们成功了吗》，北京大学出版社 2011 年版。

9. 吕忠梅：《环境资源法新视野》，中国政法大学出版社 2007 年版。

10. 吕忠梅等：《理想与现实——中国环境侵权纠纷现状及救济机制构建》，法律出版社 2011 年版。

11. 吕忠梅等：《环境与发展综合决策——可持续发展的法律调控机制》，法律出版社 2009 年版。

12. 胡静：《环境资源法的正当性与制度选择》，知识产权出版社 2009

年版。

13. 常纪文、杨朝霞：《环境资源法的新发展》，中国社会科学出版社 2008 年版。

14. 李爱年：《环境资源法的伦理审视》，科学出版社 2006 年版。

15. 钭晓东：《论环境资源法功能之进化》，科学出版社 2008 年版。

16. 竺效：《生态损害的社会化填补法理研究》，中国政法大学出版社 2007 年版。

17. 李可：《马克思恩格斯环境资源法哲学初探》，法律出版社 2006 年版。

18. 李挚萍：《环境资源法的新发展——管制与民主之互动》，人民法院出版社 2006 年版。

19. 张梓太：《环境资源法律责任研究》，商务印书馆 2004 年版。

20. 史玉成、郭武：《环境资源法的理念更新与制度重构》，高等教育出版社 2010 年版。

21. 王彬辉：《论环境资源法的逻辑嬗变——从"义务本位"到"权利本位"》，科学出版社 2006 年版。

22. 刘超：《环境资源法的人性化与人性化的环境资源法》，武汉大学出版社 2010 年版。

23. 赵绘宇：《生态系统管理法律研究》，上海交通大学出版社 2006 年版。

24. 贾引狮、宋志国：《环境资源法学的法经济学研究》，知识产权出版社 2008 年版。

25. 康纪田：《矿业法论》，中国法制出版社 2011 年版。

26. 张文显主编：《法理学》，高等教育出版社、北京大学出版社 1999 年版。

27. 李龙：《良法论》，武汉大学出版社 2005 年版。

28. 李龙主编：《法理学》，武汉大学出版社 2011 年版。

29. 谢浩范、朱迎平：《管子全译》，贵州人民出版社 1996 年版。

30. 沈宗灵：《法理学研究》，上海人民出版社 1990 年版。

31. 高鸿钧等：《法治：理念与制度》，中国政法大学出版社 2002 年版。

32. 张新宝、葛维宝主编：《大规模侵权法律对策研究》，法律出版社 2011 年版。

33. 刘星：《中国法律思想导论：故事与观念》，法律出版社 2008 年版。

34. 黄文艺：《中国法律法治的法哲学反思》，法律出版社 2010 年版。

35. 郭成伟主编：《中华法系精神》，中国政法大学出版社 2001 年版。

36. 高德步：《产权与增长——论法律制度的效率》，中国人民大学出版社 1999 年版。

37. 倪正茂：《激励法学探析》，上海社会科学院出版社 2012 年版。

38. 国土资源部地质勘查司编：《各国矿业法选编，波兰地质和采矿法》，中国大地出版社 2005 年版。

39. 李传轩：《中国环境税法律制度之构建研究》，法律出版社 2011 年版。

40. 杨兴：《〈气候变化框架公约〉研究——国际法与比较法的视角》，中国法制出版社 2007 年版。

41. 齐晔等：《中国环境监管体制研究》，上海三联书店 2008 年版。

42. 赵俊：《环境公共权力论》，法律出版社 2009 年版。

43. 余谋昌：《环境哲学：生态文明的理论基础》，中国环境科学出版社 2010 年版。

44. 张建伟：《政府环境责任论》，中国环境科学出版社 2008 年版。

45. 韩立新：《环境价值论》，云南人民出版社 2005 年版。

46. 张明杰：《开放的政府——政府信息公开法律制度研究》，中国政法大学出版社 2003 年版。

47. 吴椒军：《论公司的环境责任》，中国社会科学出版社 2007 年版。

48. 沈渭寿等编：《矿区生态破坏与生态重建》，中国环境科学出版社 2004 年版。

49. 周启星等：《生态修复》，中国环境科学出版社 2006 年版。

50. 周连碧等：《矿山废弃地生态修复研究与实践》，中国环境科学出版社 2010 年版。

51. 秦格：《生态环境损失预测及补偿机制——基于煤炭矿区的研究》，中国经济出版社 2011 年版。

52. 徐晓军等：《矿业环境工程与土地复垦》，化学工业出版社 2010 年版。

53. 陈英旭主编：《环境学》，中国环境科学出版社 2001 年版。

54. 盛连喜主编：《环境生态学导论》，高等教育出版社 2002 年版。

55. 左玉辉等：《环境学原理》，科学出版社 2010 年版。

56. 王红：《企业的环境责任研究》，经济管理出版社 2009 年版。

57. 陈英主编：《企业社会责任理论与实践》，经济管理出版社 2009 年版。

58. ［英］迈克尔·阿拉贝：《气候变化》，马晶译，上海科学技术文献出版社 2006 年版。

59. ［澳大利亚］蒂姆·富兰纳瑞：《是你，制造了天气——气候变化的历史与未来》，越家康译，人民文学出版社 2010 年版。

60. ［德］伯恩·魏德士：《法理学》，丁小春、吴越译，法律出版社 2003 年版。

61. ［德］赫尔曼·康特罗维茨：《为法学而斗争——法的定义》，雷磊译，中国法制出版社 2011 年版。

62. ［德］考夫曼：《法律哲学》，刘幸义等译，法律出版社 2004 年版。

63. ［德］拉德布鲁赫：《法学导论》，米健、朱林译，中国大百科全书出版社 1997 年版。

64. ［日］黑川哲志：《环境行政的法理与方法》，肖军译，中国法制出版社 2008 年版。

65. 经合组织编：《环境守法保障体系的国别比较研究》，曹颖、曹国志译，中国环境科学出版社 2010 年版。

66. ［德］克里斯蒂安·冯·巴尔：《大规模侵权损害责任法的改革》，贺栩栩译，中国法制出版社 2010 年版。

67. ［美］E. 博登海默：《法理学——法律哲学与法律方法》，邓正来译，中国政法大学出版社 1999 年版。

68. ［美］巴里·菲尔德、玛莎·菲尔德：《环境经济学》，原毅军、陈燕莹译，中国财政经济出版社 2006 年版。

69. ［法］亚历西斯·德·托克维尔著，冯棠译：《旧制度与大革命》

商务印书馆 2012 年版。

70. ［英］边沁:《政府片论》,沈叔平等译,商务印书馆 1995 年版。

71. ［美］约翰·贝拉、米·福斯特:《马克思的生态学——唯物主义与自然》,刘仁胜、肖锋译,高等教育出版社 2006 年版。

72. ［美］戴斯·贾斯丁:《环境伦理学》(第 3 版),林官明、杨爱民译,北京大学出版社 2002 年版。

73. ［美］彼得·S. 温茨:《环境正义论》,宋玉波、朱丹琼译,上海人民出版社 2007 年版。

74. ［美］彼得·S. 温茨:《现代环境伦理》,宋玉波、朱丹琼译,上海人民出版社 2007 年版。

75. ［美］斯蒂文·G. 米德玛编:《科斯经济学——法与经济学和新制度经济学》,罗君丽等译,上海三联书店、上海人民出版社 2010 年版。

76. ［美］保罗·R. 伯特尼、罗伯特·N. 史蒂文斯主编:《环境保护的公共政策》(第 2 版),穆贤清、方志伟译,上海三联书店、上海人民出版社 2004 年版。

77. ［美］托马斯·恩德纳:《环境与自然资源管理的政策工具》,张蔚文、黄祖辉译,上海三联书店、上海人民出版社 2005 年版。

78. ［冰岛］思拉恩·埃格特森:《经济行为与制度》,吴经邦等译,商务印书馆 2004 年版。

79. ［日］大须贺明:《生存权论》,林浩译,法律出版社 2001 年版。

二、论文类

1. 王灿发:"环境违法成本低之原因和改变途径探讨",载《环境保护》2005 年第 9 期。

2. 曹明德:"排污权交易制度探析",载《法律科学（西北政法学院学报）》2004 年第 4 期。

3. 罗丽:"美国排污权交易制度及其对我国的启示",载《北京理工大学学报（社会科学版）》2004 年第 1 期。

4. 薛冰:"浅析我国煤炭资源发展现状",载《科技广场》2012 年第

2 期。

5. 焦居仁："生态修复的要点与思考"，载《中国水土保持》2003 年第 2 期。.

6. 朱丽："关于生态恢复与生态修复的几点思考"，载《阴山学刊》2007 年第 1 期。

7. 崔爽、周启星："生态修复研究评述"，载《草业科学》2008 年第 1 期。

8. 杨明英："生态修复常用词语辨析"，载《农业基础科学》2010 年第 11 期。

9. 吴鹏："浅析生态修复的法律定义"，载《环境与可持续发展》2011 年第 3 期。

10. 吴鹏："完善采煤塌陷区生态修复法律制度——以淮南市采煤塌陷区为例"，载《资源科学》2013 年第 2 期。

11. 吴鹏："生态修复法制初探——基于生态文明社会建设的需要"，载《河北法学》2013 年第 5 期。

12. 吴鹏："论《矿产资源法》的修订——以矿区生态修复为要点的思考"，载《南京工业大学学报（社会科学版）》2013 年第 1 期。

13. 吴鹏："采矿塌陷地生态补偿法律制度探析"，载《江淮法治》2009 年第 20 期。

14. 吴鹏："我国反行政性垄断机构设置构想"，载《淮南师范学院学报》2010 年第 1 期。

15. 吴鹏、梁亚荣：《完善海南生态补偿机制》，载《海南人大》2010 年第 1 期。

16. 吴鹏："煤矿环境保护公众参与法律制度初探"，载《安徽理工大学学报（社会科学版）》2011 年第 1 期。

17. 吴鹏："教化与激励：我国环保产业发展的途径探索——以生态机会主义行为分析为切入点"，载《WTO 经济导刊》2012 年第 1 期。

18. 吴鹏："对生态文明是'第四大文明'论的几点质疑———兼论生态文明与《环境保护法》的修订"，载《行政与法》2013 年第 3 期

19. 王建明："谁之正义？生态的还是社会的"，载《理论战线》2008年第3期。

20. 沈晓阳："自然正义、生态正义、社会正义——对生态环境问题的新思考"，载《攀登》1999年第1期。

21. 李惠斌："生态权利与生态正义—— 一个马克思主义的研究视角"，载《新视野》2008年第5期。

22. 黄明健："论作为整体公平的生态正义"，载《东南学术》2006年第5期。

23. 张乐民："奥康纳的环境正义思想探析"，载《学术论坛》2011年第6期。

24. 曾建平："池田大作环境正义观"，载《井冈山大学学报（社会科学版)》2011年第3期。

25. 王小文："美国环境正义探析"，载《南京林业大学学报（人文社会科学版)》2007年第2期。

26. 巨朝军："试论给概念下定义及其误区"，载《聊城师范学院学报（哲学社会科学版)》1999年第5期。

27. 侯志鹰、张英华："大同矿区采煤沉陷地表移动特征"，载《煤炭科学技术》2004年第2期。

28. 王霖琳、胡振琪："资源枯竭矿区生态修复规划及其实例研究"，载《现代城市研究》2009年第7期。

29. 杨爱民、刘孝盈、李跃辉："水土保持生态修复的概念、分类与技术方法"，载《中国水土保持》2005年第1期。

30. 艾晓燕、徐广军："基于生态恢复与生态修复及其相关概念的分析"，载《黑龙江水利科技》2010年第3期。

31. 张新时："关于生态重建和生态恢复的思辨及其科学涵义与发展途径"，载《植物生态学报》2010年第1期。

32. 吉田："我国矿山土地复垦及生态重建"，载《辽宁科技学院学报》2011年第3期。

33. 马文明："矿区沉陷地复垦与生态重建研究"，载《水土保持通报》2008年第1期。

34. 郭润林、张卫新、员占英："采煤对水资源环境影响分析"，载《山西水利》2001 年第 1 期。

35. 郭友红："采煤塌陷区水体生物多样性调查"，载《中国农学通报》2010 年第 10 期。

36. 周晓燕："采煤塌陷塘浮游动物群落结构和水质评价研究"，载《水生态学杂志》2010 年第 4 期。

37. 陶振："试论政府公信力的生成基础"，载《学术交流》2012 年第 2 期。

38. 尚晓援："社会福利与社会保障再认识"，载《中国社会科学》2001 年第 3 期。

39. 刘俊伟："马克思主义生态文明理论初探"，载《中国特色社会主义研究》1998 年第 6 期。

40. 于语和、张殿军："民间法的限度"，载《河北法学》2009 年第 3 期。

41. 赵永冰："德国的财政转移支付制度及对我国的启示"，载《财经论丛》2001 年第 1 期。

42. 秦福利："我国西部地区高等教育成本分担中存在的问题与改进建议"，载《教育科学》2010 年第 5 期。

43. 丛中笑："环境税论略"，载《当代法学》2006 年第 6 期。

44. 梁福庆："中国生态移民研究"，载《三峡大学学报（人文社会科学版）》2011 年第 4 期。

45. 朱岩："大规模侵权的实体法问题初探"，载《法律适用》2006 年第 10 期。

46. 吴鹏："我国矿产资源开发生态补偿法律制度研究"，海南大学 2010 年硕士学位论文。

47. 马晶："环境正义的法哲学研究"，吉林大学 2005 年博士学位论文。

48. 汤淏："基于平原高潜水位采煤塌陷区的生态环境景观恢复研究——以徐州市九里湖为例"，南京大学 2011 年硕士学位论文。

49. 齐艳领："采煤塌陷区生态安全综合评价研究——以唐山南部采煤塌陷区为例"，河北理工大学 2005 年硕士学位论文。

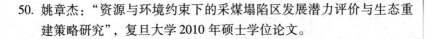

50. 姚章杰："资源与环境约束下的采煤塌陷区发展潜力评价与生态重建策略研究"，复旦大学 2010 年硕士学位论文。

三、报告类

1. 淮南市人民政府：《"全面推进采煤塌陷区村庄搬迁及综合治理"工作报告》，2010 年。

2. 淮南市委政研室："安居与乐业并举，治理同发展共进——采煤沉陷区治理'潘集经验'引发的思考"，载《淮南市委政研室呈阅件》2010 年第 19 期。

3. 淮南市政府：《全省采煤塌陷区综合治理暨村庄搬迁安置现场会上的汇报材料》，2010 年 10 月。

致　谢

　　文虽至此，然不得所忘，犹忆当年，感慨良多，遂记之。

　　三年的博士生活时光荏苒而逝。犹记初来蓟门，初进学校，初识导师，似有缘助，令今生可以成就这份难以忘却的师生情谊。教诲谆谆之深，敢不效死以奋然拼搏！时实如梭，三年的学校生活让我重拾学郎的自信与专研，一改硕士毕业后的颓唐和迷茫。感触今天，三年的教导和引励让我学到很多，知道很多，更度知自身的渺小与陋识。

　　记得写作伊始，受恩师王灿发教授拨冗点拨，初窥生态修复之义，即生创作之心。写作博士学位论文的过程虽无乘风破浪的艰辛和激荡，也着实开阔了我的思维和眼界。通过追随恩师王灿发教授进行课题研究，在深入理解法学世界那深邃丰厚知识的同时，更培养了我分析和解决现实问题的能力。尤其在相关法律机制构建研究的过程中，深刻感受到将法学理论运用于实践之难及其重要性。环境法学是个实践性很强的学科，要完成以生态修复为题的博士学位论文更需要掌握不同专业的相关知识，并且还要具有观察社会、理解社会、把握环境政治的能力，等等。敝，以经济法之外法背景初涉环境法，虽兴趣盎然但尤感不从心之处。每每遇之，总得恩师之教诲，我才能展开鹏程的翅膀，翱翔于环境法深邃思想的天空之中，不被抛弃，不被放弃，尤是感激！在进行相关研究的同时我也获得了大量的知识和参与国家相关环境决策、科研的机会，这份历练对于尚未涉世的黄孺学子是多么的重要和难逢。是乎！不得不慨叹，站在恩师的肩头我才得以晓看大川！我当勤勉以励，把握学习时间之短促，继续学术研究事业，效法导师映雪囊萤之有为，不求闻达诸侯，但求不辱及师门。

名师荟萃，这是我学在政法之幸。在论题研究过程中，亦得李显冬教授、孙佑海教授、曹明德教授之细致关怀。在本书出版过程中，还得到中国政法大学出版社彭江编辑的耐心指导与帮助。与饱学鸿儒论及乾坤，每每忆起，永不能忘怀。

已然毕业，但并不意味着关怀的终结。最终完成稿件的兴奋尤使我感谢安徽大学给予我安逸的创作和研究环境，是安徽大学给了我第一份工作，第一个自己的小家，是安徽大学法学院程雁雷院长、华国庆副院长对我的支持坚定了我对书稿的扩展和完善，这是事业的开始，对我而言意义何其重大！缘归安大是我的荣幸！

成长于能源之城淮南，寤寐念之，总不能忘却她的辛酸。在源源供给，无私奉献自身能量的同时，却千疮百孔，民众艰辛。采煤塌陷带来的问题时时萦绕于我的心中。恰逢能有片言以记，便奔走呼唤汲取一丝的关怀。借着项目研究的机会，我有幸窥得淮南市采煤塌陷治理状况，在实地调研中更获得了淮南市委、市政府及淮南市采煤沉陷办公室的领导和工作人员的大力支持，不仅使我感受到了淮南采煤塌陷存在的现实问题，更使我看到了淮南采煤塌陷治理的希望。在此，感谢他们对家乡父老的贡献与坚持！

最不能忘却，乃我父母，他们的呕心培养度净我十年寒窗的艰辛，用他们所能给予的一切支持我的成长与学业。今但有小成，也全然是他们百倍的辛劳！还要感谢我的叔叔为我收集矿区权威资料。同时也要感谢爱人甘为我擎烛拭汗，悉心备置。

简寥数笔，难述我怀，叩首以谢，恩图后报！祈望未来能以我之努力回报所有关心支持，不离不弃给予我点滴之恩的人。

吴　鹏
2013 年 11 月

图书在版编目（ＣＩＰ）数据

以自然应对自然/吴鹏著.—北京：中国政法大学出版社，2014.2
ISBN 978-7-5620-5188-6

Ⅰ.①以…　Ⅱ.①吴…　Ⅲ.①生态恢复－研究　Ⅳ.①X171.4

中国版本图书馆CIP数据核字(2014)第015472号

出　版　者　中国政法大学出版社
地　　　址　北京市海淀区西土城路25号
邮寄地址　北京100088 信箱8034分箱　邮编100088
网　　　址　http://www.cuplpress.com（网络实名：中国政法大学出版社）
电　　　话　010-58908289(编辑部)　58908334(邮购部)
承　　　印　固安华明印业有限公司
开　　　本　880mm×1230mm　1/32
印　　　张　8.25
字　　　数　220千字
版　　　次　2014年2月第1版
印　　　次　2015年3月第2次印刷
定　　　价　26.00元